高等学校"十三五"规划教材

基础化学实验丛书

有机化学实验

马祥梅　主　编
兰艳素　刘　青　副主编

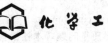

化学工业出版社

·北京·

《有机化学实验》在介绍了有机化学实验相关基础知识、基本操作技术、有机化合物物理常数的测定、基本操作技术训练之后，按基础有机合成实验、基础有机分离和提取实验、综合性实验、设计性实验、研究性实验安排了 46 个实验项目，可让学生进行全面而系统的实验训练，提高实验能力。

《有机化学实验》可作为化学类、化工类、环境类、材料类、食品类、医药类、轻化工程类等专业本科生的教材，也可供化学、化工等行业的实验技术人员参考。

图书在版编目（CIP）数据

有机化学实验/马祥梅主编．—北京：化学工业出版社，2019.12（2025.2重印）
（基础化学实验丛书）
高等学校"十三五"规划教材
ISBN 978-7-122-35793-9

Ⅰ.①有⋯　Ⅱ.①马⋯　Ⅲ.①有机化学-化学实验-高等学校-教材　Ⅳ.① O62-33

中国版本图书馆 CIP 数据核字（2019）第 273482 号

责任编辑：宋林青　江百宁　　　　　　文字编辑：刘志茹
责任校对：宋　玮　　　　　　　　　　装帧设计：刘丽华

出版发行：化学工业出版社（北京市东城区青年湖南街 13 号　邮政编码 100011）
印　　装：三河市航远印刷有限公司
787mm×1092mm　1/16　印张 10¾　字数 258 千字　2025 年 2 月北京第 1 版第 6 次印刷

购书咨询：010-64518888　　　　　　　售后服务：010-64518899
网　　址：http://www.cip.com.cn
凡购买本书，如有缺损质量问题，本社销售中心负责调换。

定　价：28.00 元　　　　　　　　　　　　　　　　　　　版权所有　违者必究

前 言

有机化学实验是化学、化工、材料、环境、生物、食品、医药等专业的一门重要基础实践性课程。随着有机化学研究和应用的发展,相关课程内容及教材的更新对有机化学实验提出了新的要求。结合有机化学的发展趋势和多年教学经验的积累,兼顾实验教学改革的要求,在对传统有机化学实验进行必要的删减和补充的基础上,我们编写了本教材。全书分为5章,包括有机实验基本知识及操作技术,有机物的分离纯化、操作练习及有机合成实验。为了满足有机化学实验教学的基本要求,力争使教材具有以下特色:

第一,强调实验基本技能的训练,实验操作训练部分选择了有机化学实验所必须掌握的基本操作技能,单独安排实验。结合有机反应类型的重要性和代表性,在有机化合物的合成、分离提纯、分析鉴定中运用这些基本技能。

第二,在实验内容的选择上,不仅考虑了基础实验技能的完整性,还根据不同专业的需要,具有一定的针对性,同时兼顾教学内容的趣味性、实用性以及知识的更新和对实验教学改革的要求,突出化学实验的时代感;既注重双基训练,又兼顾学科发展趋势。在制备实验中删去过于简单、陈旧的实验,增加效果较好或稍有难度的制备实验。实验试剂的用量在保证实验效果的前提下,尽量保持小量规模和实验的绿色化,且能更加突出实验教学以"实验操作技能"为主线的教学特点,具有基础性、通用性、实用性及绿色化等特点。

第三,融入一定量的综合性、设计性与研究性实验内容。希望通过实验教学,不仅激发学生学习的兴趣,同时逐步引导学生发散性思维,学会举一反三,培养学生在实验中观察问题、分析问题和解决问题的能力。从而增强其独立从事相关工作的能力,力图为后续课程的学习打下坚实的基础。

本书由安徽理工大学马祥梅担任主编并负责统稿定稿,参加编写工作的有山东农业工程学院的刘青老师,黄山学院的李长江、兰艳素、郑祖彪老师,安徽理工大学的张晓梅、马祥梅、胡劲松、周桂娥、冯道全等老师。具体分工如下:刘青(1.2~1.3、2.3.4、2.3.8、3.4、实验5、7、16、19、23~26、38)、李长江、兰艳素、郑祖彪(1.4、2.1.1~2.1.3、2.3.5~2.3.7、3.5.1~3.5.2、实验8、20、22、27~31、40、44)、张晓梅(2.4、3.5.3、实验18、34、43)、马祥梅[2.2.1(1~6)、2.3.2~2.3.3、2.3.9、实验6、10~13、31、32、37、45、46、附录]、胡劲松[2.2.1(7)、实验16],其余由安徽理工大学周桂娥、冯道全2位老师共同完成(每人约3万字)。

在编写过程中,张晓梅教授提出了许多宝贵建议,化学工业出版社的编辑们为本书的出版给予了大量支持和帮助,在编写过程中同时也参考了国内外相关教材,在此一并表示衷心的感谢。

限于编者水平,加之编写时间仓促,书中疏漏与不妥之处难免,敬请读者批评指正。

编者

2019 年 7 月

目 录

- 第1章　有机化学实验基础知识 ·· 1
- 1.1　实验室安全教育 ··· 1
  - 1.1.1　实验室规则 ··· 1
  - 1.1.2　实验室常见事故及其预防和处理方法 ············· 1
  - 1.1.3　实验室急救常识 ··· 2
- 1.2　有机化学实验常用玻璃仪器简介 ································· 3
  - 1.2.1　常用的玻璃仪器 ··· 3
  - 1.2.2　常用配件 ··· 6
- 1.3　有机化学实验预习、记录和实验报告 ························· 6
  - 1.3.1　实验预习 ··· 6
  - 1.3.2　实验记录 ··· 7
  - 1.3.3　实验报告 ··· 8
- 1.4　有机化学实验常用文献资源 ··· 10
  - 1.4.1　工具书及手册 ·· 10
  - 1.4.2　期刊文献 ·· 11
  - 1.4.3　网络资源 ·· 12
- 第2章　有机化学实验基本操作技术 ·· 13
- 2.1　有机化学实验基本操作 ··· 13
  - 2.1.1　仪器的洗涤和干燥 ·· 13
  - 2.1.2　塞子的钻孔和简单的玻璃加工技术 ·············· 14
  - 2.1.3　加热、冷却 ··· 18
- 2.2　有机化学实验常用反应装置简介 ······························ 20
  - 2.2.1　基本反应装置 ··· 20
  - 2.2.2　有机化学实验玻璃仪器的装配和拆卸 ········· 25

2.3 有机化合物的分离与提纯 25
   2.3.1 有机化合物的干燥 25
   2.3.2 重结晶 27
   2.3.3 升华 32
   2.3.4 萃取与洗涤 33
   2.3.5 常压蒸馏 35
   2.3.6 分馏 37
   2.3.7 水蒸气蒸馏 38
   2.3.8 减压蒸馏 40
   2.3.9 旋转蒸发 42
2.4 色谱法 43
   2.4.1 薄层色谱 43
   2.4.2 柱色谱 46
   2.4.3 气相色谱 49

第3章 有机化合物物理常数的测定及波谱分析 52

3.1 熔点及其测定 52
3.2 沸点及其测定及温度计的校正 54
3.3 折射率及其测定 55
3.4 旋光度及其测定 57
3.5 光谱法鉴定有机化合物结构 58
   3.5.1 紫外吸收光谱 59
   3.5.2 红外吸收光谱 61
   3.5.3 核磁共振谱 64

第4章 有机化学实验基本操作技术训练 68

4.1 简单玻璃工操作训练 68
4.2 熔点、沸点测定技术训练 69
4.3 蒸馏操作训练——无水乙醇的制备 70
4.4 水蒸气蒸馏操作训练——肉桂醛的提取 71
4.5 重结晶及洗涤 72
4.6 减压蒸馏操作训练——呋喃甲醛的纯化 74
4.7 薄层色谱操作训练——薄层板的制备和镇痛药片APC组分的分离 75

第5章 有机化合物制备实验 78

5.1 基础有机合成实验 78
   5.1.1 卤代烃的制备 78

     实验 1　溴乙烷的制备 ·· 78
     实验 2　1-溴丁烷的制备 ·· 80
  5.1.2　烯、醚的制备 ·· 82
     实验 3　环己烯的制备 ·· 82
     实验 4　正丁醚的制备 ·· 84
  5.1.3　醇的制备 ·· 86
     实验 5　2-甲基-2-己醇的制备 ······································· 86
     实验 6　二苯甲醇的制备 ·· 89
  5.1.4　酮的制备 ·· 91
     实验 7　对甲基苯乙酮的制备 ······································· 91
     实验 8　苯亚甲基丙酮和二苯亚甲基丙酮的制备 ········ 93
     实验 9　环己酮的制备 ·· 95
  5.1.5　羧酸的制备 ··· 97
     实验 10　香豆素-3-羧酸的合成 ···································· 97
     实验 11　己二酸的制备 ·· 99
     实验 12　肉桂酸的制备 ·· 100
  5.1.6　羧酸衍生物的制备 ·· 102
     实验 13　内型双环[2.2.1]-2-庚烯-5,6-二酸酐的制备 ··· 102
     实验 14　乙酸乙酯的制备 ·· 104
     实验 15　乙酸正丁酯的制备 ·· 105
     实验 16　乙酰苯胺的制备 ·· 107
     实验 17　乙酰二茂铁的制备及柱色谱分离 ················· 109
     实验 18　贝克曼重排反应制备己内酰胺 ····················· 111
  5.1.7　芳香族化合物的制备 ·· 112
     实验 19　对甲苯磺酸的制备 ·· 112
     实验 20　对硝基苯胺的制备 ·· 114
     实验 21　对叔丁基苯酚的制备 ···································· 116
     实验 22　甲基橙的制备 ·· 118
     实验 23　双酚 A 的制备 ·· 120
5.2　基础有机分离和提取实验 ··· 121
     实验 24　茶叶中提取咖啡因 ·· 121
     实验 25　绿色植物叶中叶绿素的提取和分离 ············· 123
     实验 26　黄连中黄连素的提取及产品的检验 ············· 125
5.3　综合性实验 ··· 126
     实验 27　乙酰水杨酸的合成与产品纯度鉴定 ············· 126

实验 28　呋喃甲酸和呋喃甲醇的制备及纯度检验 ………………………… 129
　　　实验 29　微波辐射促进苯甲酸的合成与其含量的测定 ………………… 131
　　　实验 30　红辣椒中红色素的提取、分离及紫外光谱测定 ……………… 133
　　　实验 31　安息香缩合(辅酶合成)及氧化 ………………………………… 135
　　　实验 32　对氨基苯甲酸乙酯（苯佐卡因）的制备 ……………………… 138
　　　实验 33　（±)-苯乙醇酸的拆分 ………………………………………… 140
　　　实验 34　羧甲基淀粉的制备、结构表征及取代度测定 ………………… 142
5.4　设计性实验 ………………………………………………………………… 143
　　5.4.1　具体实验要求 ……………………………………………………… 144
　　5.4.2　评分标准 …………………………………………………………… 144
　　　实验 35　离子液体的制备及在有机合成中的应用 ……………………… 144
　　　实验 36　以硝基苯为原料合成对溴苯胺 ………………………………… 145
　　　实验 37　2-甲基苯并咪唑的制备 ………………………………………… 146
　　　实验 38　香料乙基香兰素的合成 ………………………………………… 147
　　　实验 39　3,3′-（取代苯亚甲基）双吲哚化合物的制备 ……………… 149
　　　实验 40　α-溴代苯乙酮类化合物的制备 ……………………………… 149
5.5　研究性实验 ………………………………………………………………… 150
　　　实验 41　3-（2,5-二甲基苯氧基）-1-卤代丙烷的制备及反应过程
　　　　　　　跟踪 …………………………………………………………… 150
　　　实验 42　乙酸异戊酯制备的实验条件研究 ……………………………… 152
　　　实验 43　特定取代度羧甲基-β-环糊精制备 …………………………… 153
　　　实验 44　一种对羟基苯甲酸酯类防腐剂的合成研究 …………………… 154
　　　实验 45　紫罗兰酮的制备 ………………………………………………… 154
　　　实验 46　Schiff 碱的合成及其紫外吸收性能研究 ……………………… 155
▫ 附　录　危险化学品安全基础知识 …………………………………………… 157
参考文献 …………………………………………………………………………… 161

第1章 有机化学实验基础知识

1.1 实验室安全教育

有机化学实验室所用的试剂种类繁多,而且很多化学试剂是易燃、易爆、有毒或具有腐蚀性或爆炸性的物质。所用的仪器设备大部分是玻璃制品和电器设备,所以实验室工作如果粗心大意就容易发生事故。我们必须认识到有机化学实验室是潜在的危险场所,要高度重视实验室安全问题,提高警惕,严格遵守操作规程,加强安全防范措施,避免事故的发生。

1.1.1 实验室规则

为了保证有机化学实验正常进行,培养良好的实验习惯,并保证实验室的安全,学生必须严格遵守以下实验守则。

① 切实做好实验前的准备工作。

② 进入实验室时,应熟悉实验室灭火器材、灭火沙的放置地点和使用方法。

③ 听从教师的指导,尊重实验室工作人员的职权,按照实验教材所规定的步骤、仪器及试剂的规格和用量进行实验。若要更改,须征求教师同意后,才可改变。

④ 应保持实验室的整洁。在整个实验过程中,应保持桌面和仪器的整洁,应使水槽保持干净。实验中所用试剂,不得随意散失、遗弃。对反应中产生有害气体的实验应按相关技术操作进行处理,以免污染环境,影响身体健康。任何固体物质不能投入水槽。废纸应投入废纸箱内。废酸和废碱液应小心地倒入相应的废液缸内。

⑤ 对公用仪器和工具要加以爱护,应在指定地点使用并保持整洁。对公用药品不能任意挪动。保持药品架的整洁。节约水、电、煤气和药品。如有损坏仪器要办理登记换领手续。

⑥ 实验时应遵守纪律,保持安静,要求精神集中、认真操作、细致观察、积极思考、忠实记录(应备有实验记录本)。应注意仪器有无漏气、破裂以及反应进行是否正常等情况。实验过程中,非经教师许可,不得擅自离开。

⑦ 实验完毕离开实验室时,应把水、电和门窗关闭,值日生应打扫实验室,把废物倒净。

⑧ 实验结束后应细心洗手,严禁在实验室内吸烟或进食。

1.1.2 实验室常见事故及其预防和处理方法

在实验中经常使用有机试剂和溶剂,这些物质大多数都易燃、易爆,而且具有一定的毒性。虽然在选择实验时，尽量选用低毒性的溶剂和试剂，但是当大量使用时，对人体也会造成一定伤害，因此，防火、防爆、防中毒已成为有机实验中的重要问题。同时，还应注意安全用电，防止割伤和灼伤等事故的发生。

（1）火灾的预防和处理方法

在有机化学实验中，常使用一些易挥发、易燃烧的溶剂，操作不慎，易引起着火事故。为了防止火灾的发生，必须随时注意以下几点。

① 不能用烧杯等敞口容器装盛或加热易挥发、易燃液体，如乙醚、苯、乙醇、丙酮等，并远离火源。加热时要根据实验要求及易燃物的特点，选择仪器装置和热源，尽可能采用水浴、油浴或电加热装置。一定要慎重选择，尽量避免明火！

② 实验室里不许大量贮放易燃物。

③ 用过的溶剂要设法回收，不能倒入废物桶内，切勿将燃着的火柴梗丢进废物桶内。

一旦发生火灾，应保持沉着镇静。首先，应拉下电闸，切断电源，然后迅速把周围容易着火的物品移开，防止火势蔓延，向火源撒沙子或用石棉布覆盖火源。在失火初期，不能用口吹，必须使用灭火器、沙、毛毡等。若火势小，可用数层湿布把着火的仪器包裹起来。如在小器皿内着火（如烧杯或烧瓶内），可盖上石棉板或瓷片等，使之隔绝空气而灭。有机溶剂燃烧时，在大多数情况下，严禁用水灭火。如果是电气设备着火，应先切断电源再用四氯化碳灭火器灭火。

衣服着火时，绝不要奔跑，应立刻用石棉布覆盖着火处或赶紧把衣服脱下；若火势较大，应一面呼救，同时立刻卧地打滚，绝不能用水浇泼。

实验室内着火时应根据具体情况采用四氯化碳灭火器、二氧化碳灭火器、泡沫灭火器等灭火器材。无论用何种灭火器，皆应从火的四周开始向中心扑灭。

（2）爆炸的预防和处理方法

在有机化学实验中，发生爆炸事故的原因及预防处理方法大致如下。

① 某些化合物容易爆炸。有机过氧化物、芳香族多硝基化合物和硝酸酯等，受热或敲击，均会爆炸。含过氧化物的乙醚蒸馏时，有爆炸的危险，事先必须除去过氧化物。芳香族多硝基化合物不宜在烘箱内干燥。乙醇和浓硝酸混合在一起，会引起极强烈的爆炸。卤代烷勿与金属钠接触，因反应太猛往往会发生爆炸。

② 仪器装置不正确或操作错误，有时会引起爆炸。若在常压下进行蒸馏和加热回流，仪器装置必须与大气相通。

③ 切勿使易燃易爆的气体接近火源，有机溶剂如乙醚和汽油一类的蒸气与空气相混时极其危险，可能会由一个热的表面或者一个火花、电花而引起爆炸。

④ 遵守高压钢瓶的使用规则。

1.1.3　实验室急救常识

① 玻璃割伤　应及时挤出污血，用消毒过的镊子取出玻璃碎片，用蒸馏水洗净伤口，涂上碘酒或红汞水，再用绷带包扎；如伤口较大，应立即用绷带扎紧伤口上部，使伤口停止出血，立即就医。

② 烫伤　若伤势较轻，在伤处涂以苦味酸溶液、玉树油、蓝油烃或硼酸油膏；若伤势较重，立即就医。

③ 酸、碱或溴液灼伤　酸液、碱液或溴液溅入眼中，立即先用大量水冲洗；若为酸液

或溴液，再用1%碳酸氢钠溶液冲洗，若为碱液，则再用1%硼酸溶液冲洗；最后用水洗。重伤者经初步处理后，立即就医。皮肤被酸或碱液灼伤时，伤处首先用大量水冲洗；若为酸液灼伤，再用饱和碳酸氢钠溶液洗；若为碱液灼伤，则再用1%醋酸溶液洗；最后都用水洗，再涂上药用凡士林。被溴液灼伤时，伤处立刻用石油醚冲洗，再用2%硫代硫酸钠溶液洗，然后用蘸有甘油的脱脂棉擦，再敷以油膏。

④ 中毒　溅入口中尚未咽下者应立即吐出，用大量水冲洗口腔。如已吞下，应根据毒物性质给以解毒剂，并立即就医。腐蚀性毒物，对于强酸，先饮大量水，然后服用氢氧化铝膏、鸡蛋白；对于强碱，也应先饮大量水，然后服用醋、酸果汁、鸡蛋白。不论酸或碱中毒皆以牛奶灌注，不要吃呕吐剂、刺激剂及神经性毒物中毒，先喝牛奶或鸡蛋白使之立即冲淡和缓和，再用一大匙硫酸镁（约30g）溶于一杯水中催吐。有时也可用手指伸入喉部促使呕吐，然后立即送医疗单位。吸入气体中毒者，将中毒者移至室外，解开衣领及纽扣。吸入少量氯气或溴者，可用碳酸氢钠溶液漱口。

⑤ 急诊就医时，可拨打120急救电话。

1.2　有机化学实验常用玻璃仪器简介

有机化学实验用的玻璃仪器，使用时应注意以下几点：①轻拿轻放；②厚壁玻璃仪器如吸滤瓶等不能加热；③用灯焰加热玻璃仪器至少要垫上石棉网（试管除外）；④平底仪器如平底烧瓶、锥形瓶不耐压，不能用于减压系统等。

进行有机化学实验时必须正确选用玻璃仪器。例如，长颈圆底烧瓶常用于水蒸气蒸馏实验，三口烧瓶适用于带机械搅拌的实验，而克氏蒸馏烧瓶则适用于减压蒸馏实验。又如，最常用的温度计是膨胀温度计，有酒精温度计和水银温度计两种，一般选用比被测物质可达到的最高温度高10～20℃的温度计比较合适。

1.2.1　常用的玻璃仪器

玻璃仪器一般分为普通和标准磨口两种，在实验室常用的普通玻璃仪器有非磨口的锥形瓶、烧杯、布氏漏斗、量筒、普通漏斗等。所谓标准磨口仪器，是指标准磨塞和标准磨口的直径都采用国际通用的统一尺寸，其锥度比例均为1/10，由硬质玻璃制成。同类规格的标准磨口仪器可任意互换。这类仪器的品种有：烧瓶、冷凝管、尾接管、蒸馏头等，使用时可查阅有关资料。使用标准磨口仪器，口与塞对合后，不要在干态下转动摩擦，以免损伤磨面。

(1) 烧瓶

① 圆底烧瓶　见图1-1(a)，能耐热和承受反应物（或溶液）沸腾以后所发生的冲击振动。在有机化合物的合成和蒸馏实验中最常使用。

② 梨形烧瓶　见图1-1(b)，性能和用途与圆底烧瓶相似。它的特点是在合成少量有机化合物时可在烧瓶内保持较高的液面，蒸馏时残留在烧瓶中的液体少。

③ 三口烧瓶　见图1-1(c)，最常用于需要进行搅拌的实验中。中间瓶口装搅拌器，两个侧口装回流冷凝管和滴液漏斗或温度计等。

④ 锥形瓶　见图1-1(d)，常用于有机溶剂进行重结晶的操作，或有固态产物生成的合

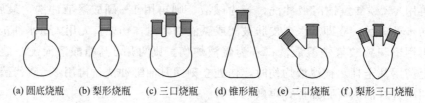

图 1-1 标准磨口仪器

成实验中,因为生成的固态物容易从锥形烧瓶中取出来。通常用作常压蒸馏实验的接收器,但不能用作减压蒸馏实验的接收器。

⑤ 二口烧瓶 见图 1-1(e),常用在半微量、微量制备实验中作为反应瓶,中间口接回流冷凝管、微型蒸馏头、微型分馏头等,侧口接温度计、加料管等。

⑥ 梨形三口烧瓶 见图 1-1(f),用途似三口烧瓶,主要用于半微量、小量制备实验中,作为反应瓶。

(2) 冷凝管

① 直形冷凝管 见图 1-2(a),蒸馏物质的沸点在 140℃ 以下时,要在夹套内通水冷却;但超过 140℃ 时,冷凝管往往会在内管和外管的接合处炸裂。

② 空气冷凝管 见图 1-2(b),当蒸馏物质的沸点高于 140℃ 时,常用它代替通冷却水的直形冷凝管。

③ 球形冷凝管 见图 1-2(c),其内管的冷却面积较大,对蒸气的冷凝有较好的效果,适用于加热回流的实验。上升蒸汽超过 140℃ 时,冷凝管往往会在内管和外管的接合处炸裂。

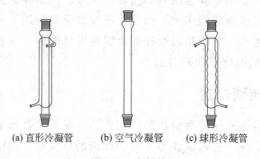

图 1-2 冷凝管

(3) 漏斗

① 普通漏斗 见图 1-3(a)、图 1-3(b),在普通过滤时使用。

② 分液漏斗 见图 1-3(c)、图 1-3(d) 和图 1-3(e),用于液体的萃取、洗涤和分离;有时也可用于滴加试料。

③ 滴液漏斗 见图 1-3(f),能把液体一滴一滴地加入反应器中,即使漏斗的下端浸没在液面下,也能够明显地看到滴加的快慢。

④ 恒压滴液漏斗 见图 1-3(g),用于合成反应实验的液体加料操作,即使反应体系内压力变化也能使液体顺利滴加。也可用于简单的连续萃取操作。

⑤ 保温漏斗 见图 1-3(h),也称热滤漏斗,用于需要保温的过滤。它是在普通漏斗的外面装上一个铜质的外壳,外壳中间装水,用煤气灯加热侧面的支管,以保持所需的温度。

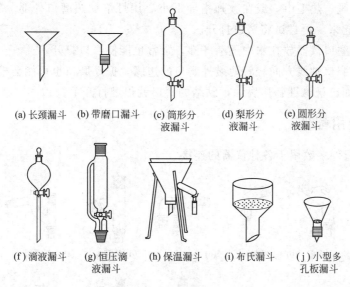

图 1-3 漏斗

⑥ 布氏漏斗　见图 1-3(i)，是瓷质的多孔板漏斗，在减压过滤时使用。小型玻璃多孔板漏斗用于减压过滤少量物质。

⑦ 还有一种类似图 1-3(b) 的小口径漏斗，附带玻璃钉，过滤时把玻璃钉插入漏斗中，在玻璃钉上放滤纸或直接过滤，见图 1-3(j)。

标准磨口仪器是具有标准内磨口或标准外磨口的玻璃仪器。在有机合成实验及有机半微量分析、制备及分离中常用带有标准磨口的玻璃仪器，总称为标准磨口仪器。常用标准磨口仪器的形状、用途与普通仪器基本相同，只是具有国际通用标准磨口和磨塞。有机化学实验中所用玻璃仪器间的连接一般采用两种形式：塞子连接和磨口连接。现大多使用磨口连接。除了少数玻璃仪器（如分液漏斗的上、下磨口部位是非标准磨口）外，绝大多数仪器上的磨口是标准磨口。我国标准磨口是采用国际通用技术标准，常用的是锥形标准磨口。玻璃仪器的容量大小及用途不同，可采用不同尺寸的标准磨口。按磨口最大端直径的毫米整数，常用的有 10、14、19、24、29、34、40、50 等。也有用两个数字表示的，例如 10/19 表示此磨口直径最大处为 10mm，磨口长度为 19mm。相同编号的磨口和磨塞可以紧密相接，因此可按需要选配和组装各种型式的配套仪器进行实验。这样既可免去配塞子及钻孔等手续，又能避免反应物或产物被软木塞或橡皮塞所沾污。

使用标准磨口仪器时注意磨口处必须洁净，若粘有固体物质则使磨口对接不紧密，导致漏气，甚至破坏磨口。一般使用时磨口无需涂润滑剂，以免沾污反应物或产物。若反应物中有强碱，则应涂抹润滑剂，以免磨口连接处因碱腐蚀而粘住无法拆开。安装时，应注意磨口编号，装配要正确、整齐。标准磨口仪器使用完毕必须立即拆卸，洗净，各个部件分开存放，否则磨口的连接处会发生黏结，难于拆开。非标准磨口部件（如滴液漏斗的旋塞）不能分开存放，应在磨口间夹上纸条或涂抹凡士林以免日久黏结。一旦发生黏结，可采取以下措施：

① 置于超声反应器的水中超声一段时间。

② 将磨口竖立，往上面缝隙间滴几滴甘油。如果甘油能慢慢地渗入磨口，则最终能使连接处松开。

③ 使用热吹风、热毛巾，或在教师指导下小心用灯焰加热磨口外部，仅使外部受热膨胀，内部还未热起来，再尝试将磨口打开。
④ 将黏结的磨口仪器放在水中逐渐煮沸，常常也能使磨口打开。
⑤ 用木板沿磨口轴线方向轻轻地敲外磨口的边缘，振动磨口也可能会松开。
如果磨口表面已被碱性物质腐蚀，黏结的磨口就很难打开了。

1.2.2 常用配件

图 1-4 所示配件多数用于各种仪器的连接。

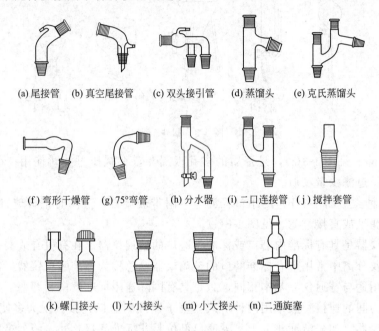

图 1-4 常用配件

1.3 有机化学实验预习、记录和实验报告

1.3.1 实验预习

预习是做好实验的关键，实验前有充分的准备，可以主动地减少或避免实验事故，提高实验效果，同时对培养学生独立工作能力也十分有益。

在进行每个实验前必须认真阅读教材的有关实验内容，熟悉实验目的、要求、基本原理、操作步骤及注意事项，要查阅文献，做好预习笔记，列出原料和产物的物理常数，要计算合成实验的理论产量，在预习的基础上，完成预习报告。开始实验前由实验指导教师负责检查预习情况，未作好预习的学生，不允许进行实验。

实验预习报告的内容包括：
① 实验目的——写出实验要达到的主要目的。
② 实验原理——写出主反应及副反应的反应式及反应机理，简单叙述实验操作原理。

③ 物理常数——按实验报告内容要求填写主要试剂及产物的物理和化学性质、各种原料的用量（质量或体积）、主要原科及产物的物理常数、产物的理论产量等预计的实验结果。

④ 实验流程——画出合成反应、产品分离纯化过程及测熔点（固体）或折射率（液体）的流程图。

⑤ 实验装置——画出主要反应装置图，并标明仪器名称、使用规格等。

⑥ 实验步骤——简要写出实验操作步骤。

⑦ 实验注意事项——预习时，应思考每一步操作的目的是什么，为什么这么做，要弄清楚本次实验的关键步骤和难点，实验中有哪些安全问题。预习是做好实验的关键，只有预习好了，实验时才能做到又快又好。

1.3.2 实验记录

实验记录是原始性记录，是从事科学研究的第一手资料，是撰写实验报告的主要事实依据，是实验报告主要内容的"素材"。实验记录的好坏直接影响对实验结果的分析。因此，学会做好实验记录也是实验中的一个重要环节。

实验记录的要求：必须对实验的全过程进行仔细观察，如反应液颜色的变化、有无沉淀及气体出现、固体的溶解情况、加热温度和加热后反应的变化等，都应认真如实记录。同时还应记录加入原料的颜色和加入的量、产品的颜色和产品的量、产品的熔点或沸点等物理化学数据。记录时，要与操作步骤一一对应，内容要简明扼要，条理清楚。填写实验记录必须遵守以下主要原则。

实验记录必须在专门的实验记录本上进行。要养成边实验边在专用本上记录的习惯，不能随意用零散纸记录，更不能凭"脑子"记忆而不作书面记载。而且有机化学实验记录本必须逐页进行编号，不得"缺页""缺号"。因此进行编号后的记录本，不得随意撕页。实验记录要用钢笔填写，不能用铅笔。遇到反常现象，更要实事求是地记录下来，并把实验条件写清楚，以利于分析原因。实验记录中，原始记录如果写错可以用笔划去，但不能随意涂改和撕页。实验完毕，应将实验记录交教师审阅。产物盛于样品瓶中，贴好标签。实验记录的格式可参照以下格式（以溴乙烷的制备为例。）：

实验名称＿＿＿＿＿＿＿＿＿＿＿＿

实验日期＿＿＿＿＿＿ 室温＿＿＿＿＿＿ 气压＿＿＿＿＿＿

时间	步骤	现象	备注

1.3.3 实验报告

有机化学实验报告是实验者完成实验后所获得实验成果的一种书面反映。实验报告是对整个实验的总结，是把感性认识提高到理论性思维阶段的必需环节。这就要求学生必须认真及时地对实验数据进行整理、计算和分析，对实验中出现的现象与问题加以分析和讨论，总结经验教训，认真写出实验报告。撰写规范、准确与完整的实验报告是有机化学实验课的基本要求之一。实验报告必须实事求是，清晰、扼要，准确地进行手写，不得打印。

实验报告应当以实验原理为指导，实验记录为根据，统一采用 GB/T 3101—1993《有关量、单位和符号的一般原则》规定的单位与符号，按规范化的格式撰写。要用钢笔书写，铅笔画图。书写的文字要工整，不得潦草。作图要规范，不能随手勾画。这部分工作在课后完成。

实验报告的内容主要包含以下几部分。

① 实验目的和要求　简述该实验所要求达到的目的和要求。

② 实验原理　对于有机合成反应为主、副反应方程式。

③ 实验所用的仪器、药品　要写明所用仪器的型号、数量、规格，主要试剂的用量及规格。

④ 主要试剂的物理常数　列出主要试剂（包括主、副产物）的分子量、性状、相对密度、折射率、熔点、沸点和溶解度等。

⑤ 实验装置图　要用直尺等作图工具，按比例规范化作图，不能随便用铅笔勾描。要将过程中使用的实验装置画出，可以参考实验书中的装置图绘制。

⑥ 实验步骤及现象　要求简明扼要，尽量用表格、框图、符号表示。

⑦ 结论和数据处理，内容如下。

　a. 固体样品色泽及晶形。

　b. 样品质量（或体积），产率计算：（实际产量/理论产量）×100%；注意有多种原料参加反应时，以物质的量最不足原料的量为准；不能用催化剂或引发剂的量来计算；有异构体存在时，以各种异构体理论产量之和进行计算，实际产量也是异构体实际产量之和。

　c. 物理常数值如熔点、沸点、折射率（液体）等，分别填上产物的文献值和实测值，并注明测试条件，如温度、压力以及相关表征的谱图和分析等。

⑧ 实验讨论　对实验中遇到的疑难问题提出自己的见解。分析产生误差的原因，对实验方法、教学方法、实验内容、实验装置等提出意见或建议，包括回答思考题。

　a. 对实验结果和产品进行分析。

　b. 回答实验讲义中的问题。

　c. 讨论实验中的有关问题：实验中的正常或异常现象及原因分析；物理常数值、反应产量高低、产物色泽等原因的讨论；本人实验操作的回顾及操作经验总结；实验装置与步骤的改进意见等。实验讨论部分是实验者发挥创造性思维的园地，实验者不仅应当善于操作，还应当善于发现，善于总结与提高。通过讨论来总结、提高和巩固实验中所学到的理论知识和实验技术。

实验报告可参照下面的格式：

实验名称＿＿＿＿＿＿＿＿＿＿＿＿＿＿＿

姓名＿＿＿＿＿＿＿＿ 学号＿＿＿＿＿＿＿＿ 班级＿＿＿＿＿＿＿
合作者＿＿＿＿＿＿＿ 日期＿＿＿＿＿＿＿＿ 天气＿＿＿＿＿＿＿

一、实验目的

二、实验原理
（如是合成实验，则是主、副反应的方程式）

三、主要试剂用量及规格

四、主要试剂及产物的物理常数

名称	分子量	沸点/℃	熔点/℃	相对密度	折射率	溶解性/(g/100mL)		
						水	醇	醚

五、实验装置图

六、实验步骤及现象记录

七、实验结果：产品状态、质量及产率

八、实验结果讨论与思考题
（1. 本次实验合格或失败的原因；2. 思考题）

1.4 有机化学实验常用文献资源

文献查阅是科学研究的重要组成部分，通过查阅文献，不仅可以了解该学科的最新研究成果，还可以了解相关化合物的性质，帮助我们预测实验结果，最终选择最有效的合成方法。

目前，与有机化学有关的文献资料很多，如化学辞典、手册、理化数据及光谱资料等，这些数据不仅来源可靠、查阅简便，而且会不断更新补充，是有机化学的知识宝库，也是化学工作者学习和研究的有力工具。伴随着计算机和网络技术的发展，网上文献资源即将发挥越来越重要的作用。下面简单介绍一些常用的化学手册和有机化学文献。

1.4.1 工具书及手册

(1)《化工辞典》

《化工辞典》是一本综合性的化工工具书，列出了万余个无机化合物和有机化合物的分子式、结构式、基本的物理化学性质等有关数据，并简要说明了各个化合物的制法和用途。

(2) Aldrich

由美国 Aldrich 化学试剂公司出版。该书收集了近 2 万个化合物，记载了化合物的分子量、分子式、沸点、折射率、熔点等数据。较复杂的化合物还附了结构式，并给出了该化合物核磁共振和红外光谱谱图的出处。另外，还有各个化合物不同包装的价格，这对有机合成、订购试剂都有很大的用处。

(3) Handbook of Chemistry and Physics

这是美国化学橡胶公司出版的一本（英文）化学与物理手册。内容主要包含数学用表，元素和无机化合物，有机化合物，普通化学，普通物理常数。

(4) The Merck Index (9th Ed.)

该书收集了近万种有机化合物和药物的性质、制法和用途，近 5000 个结构式及 4 万余条化学产品和药物的命名，与化工词典类似，但更加详细。

(5) Dictionary of Organic Compounds (6th Ed.)

该书收集了 6 万余个有机化合物的组成、分子式、结构式、来源、性状、物理常数、化合物性质及其衍生物等，并给出了制备该化合物的主要文献资料。

(6) Handbuch der Organischen Chemie (Beilstein)

这是一部非常重要的化学手册，内容丰富全面，列出了每一个化合物的来源、物理化学性质、生理作用、用途、分析方法等，并附有原始文献，供化学工作者查阅。

(7) Organic Reactions

本书于 1951 年开始出版，主要介绍一些具有广泛应用价值的有机反应，并详细介绍了对应有机反应的机理、反应条件以及应用范围等。

(8) Organic Synthesis

该书于 1932 年创刊，不仅介绍了各类有机化合物以及一些常用无机试剂的制备方法，而且还有反应试剂、溶剂的纯化步骤和特殊的反应装置。

(9) Synthetic Methods of Organic Chemistry

该书 1948 年出版，由 Theilheimer W. 和 Finch A. F. 主编，主要内容是碳-碳键、碳-

杂原子键的化学反应和官能团之间的相互转化，反应按照系统排列的符号进行分类，书中还附有累积索引。

(10) Aldrich NMR 谱图集

Aldrich ^{13}C-NMR 和 ^{1}H-NMR 谱图集一共有 3 版，1993 年第 3 版出版，由 Pcmchert C. L. 和 Behnke J. 主编，Aldrich 化学公司出版。共 3 卷，收集了约 1.2 万张谱图。

(11) Sadtler NMR 谱图集

Sadtler NMR 谱图集由美国宾夕法尼亚州 Sadtler 研究实验室收集，至 1996 年已经收录超过 4 万种化合物的 ^{1}H NMR 谱图，以后每年增加 1000 张。该 NMR 谱图集对不同环境质子的共振信号和积分强度给予相应的指认。此外，还有 4.2 万种化合物的 ^{13}C-NMR 质子去偶谱图也由该实验室发表。

(12) Sadtler 标准棱镜红外光谱集

截至 1996 年，Sadtler 标准棱镜红外光谱集已经出版了 123 卷，收录了超过 9 万种化合物的红外光谱图，同时还有超过 9 万种化合物的相应光栅红外光谱图。

(13) Vogel's Textbook of Practical Organic Chemistry（5th Ed.）

由 Longman Group UK Limited 出版。这本实验教科书的内容主要包括实验操作技术、基本原理及实验步骤、有机分析三个方面。很多常用的有机化合物的制备方法都有收录，而且实验步骤比较成熟。

1.4.2　期刊文献

(1)《中国科学》

1933 年创刊，中国科学院主办，月刊，有中英文版，一共有 6 个专辑，化学专辑主要发表化学学科理论基础方面的创造性研究成果。目前被 SCI 收录。

(2)《化学学报》

1933 年创刊，中国化学会主办，主要刊登化学学科基础和应用基础研究方面的创造性研究论文的全文、简报和快报。目前被 SCI 收录。

(3)《高等学校化学学报》

1964 年创刊，由教育部主办，有机化学方面的论文由南开大学分编辑部负责审理，其他学科的论文由吉林大学负责审理。该刊主要刊登我国化学学科各领域创造性的研究论文、全文、研究简报和研究快报。目前被 SCI 收录。

(4)《有机化学》

由中国化学会主办，1981 年创刊。编辑部设在中国科学院上海有机化学研究所。主要发表我国有机化学领域的创造性的研究综述、全文、简报和快报。

(5) Angewandte Chemie, International Edition（Angew. Chem.）

应用化学从 1962 年起出版英文国际版。主要刊登覆盖整个化学学科研究领域的高水平研究论文和综述文章，是目前化学学科期刊中影响因子最高的期刊之一。

(6) Journal of the American Chemical Society（J. Am. Chem. Soc.）

1879 年创刊，由美国化学会主办。发表所有化学学科领域高水平研究论文和简报，目前每年刊登化学方面的研究论文 2000 多篇，是世界上最有影响的综合性化学期刊之一。

(7) Journal of the Chemical Society（J. Chem. Soc.）

1848 年创刊，由英国皇家化学会主办，其中 PerkinTransactions 的 Ⅰ 和 Ⅱ 分别刊登有机化学、生物有机化学和物理有机化学方面的全文。研究简报则发表在另一辑上，刊名为 Chemical Communications（化学通讯），缩写为 Chem. Commun.。

（8）Journal of Organic Chemistry（J. Org. Chem.）

有机化学杂志于 1936 年创刊，由美国化学会主办，为双周刊。主要刊登涉及整个有机化学学科领域高水平的研究论文的全文、短文和简报。文中有比较详细的合成步骤和实验结果。

（9）Tetrahedron

四面体创刊于 1957 年，为半月刊。是快速发表有机化学方面权威评论与原始研究通讯的国际性杂志，主要刊登有机化学各方面的最新实验与研究论文。

（10）Tetrahedron Letters（TL）

四面体快报由英国牛津 Pergamcm 出版，发表有机化学领域的研究通讯。主要刊登有机化学家感兴趣的通讯报道，包括新概念、新技术、新结构、新试剂和新方法的简要快报。

（11）Synthetic Communications（Syn. Commun.）

合成通讯是发表有机合成快报的国际刊物，主要刊登有机合成化学方面的新方法、试剂的制备与使用方面的研究简报。

1.4.3　网络资源

（1）美国化学学会数据库（hup：//pubs.acs.org）

美国化学学会（American Chemical Society，ACS）成立于 1876 年，ACS 的期刊被 SCI 的 Journal Citation Repon（JCR）评为化学领域中被引用次数最多的化学期刊。

（2）英国皇家化学学会数据库（hup：//www.rsc.org）

英国皇家化学学会（Royal Society of Chemistry，RSC）成立于 1841 年，是一个国际权威的学术机构。出版的期刊及数据库一向是化学领域的核心期刊和权威性的数据库。数据库 Methods in Organic Synthesis（OVIOS），提供有机合成方面最重要的通告服务，提供反应图解，涵盖新反应、新方法等。数据库 Natural Product Update（NPU），提供有关天然产物化学方面最新发展的文摘，包括分离研究、生物合成、新天然产物等。

（3）Elsevier（Science Direct）数据库（hup：//www.sciencedirect.com）

该数据库涵盖了数学、物理、化学、天文学、医学、生命科学等众多学科。

（4）John Wiley 数据库（http：//www.interscience.wiley.com）

约翰威立父子出版公司（Wiley InterScience-John Wiley & Sons Inc.）创立于 1807 年，该网站提供包括化学、化工、生命科学、医学、高分子及材料学等 14 学科领域的学术出版物。其中化学、化工、生命科学、高分子及材料学等领域的学术期刊质量很高。

（5）期刊全文数据库（http：//www.cnki.net）

1994 年至今，该数据库收录了 5300 余种核心与专业特色期刊全文，累计全文 600 多万篇，分为理工 A（数理科学）、理工 B（化学、化工、能源与材料）、理工 C（工业技术）、其他学科等 9 大专辑，126 个专题数据库，网上数据每日更新。

第2章 有机化学实验基本操作技术

2.1 有机化学实验基本操作

2.1.1 仪器的洗涤和干燥

(1) 玻璃仪器的清洗

化学实验所用的玻璃仪器必须十分洁净,否则会影响实验效果,甚至导致实验失败。洗涤时应根据污物性质和实验要求选择不同的方法。洁净的玻璃仪器内壁应能被水均匀地湿润而不挂水珠,并且无水的条纹。为了使清洗工作简便有效,最好在每次实验结束后,立即清洗使用过的仪器,因为当时清楚污物的性质,容易选择合适的方法清除。当不清洁的仪器放置一段时间后,往往由于挥发性溶剂的逸去,使洗涤工作变得更加困难。清洗时,常常根据瓶内残存物质的性质选择不同的方法立即清洗。一般而言,附着在仪器上的污物可能是可溶性物质或不溶物,也可能是无机物或有机物等。常见洗涤方法如下。

① 刷洗法　用水和毛刷刷洗仪器,除去仪器上的尘土、可溶性物质及不溶性物质。

② 碱液和合成洗涤剂法　去污粉是由碳酸钠、白土、细沙等混合而成的。它是利用 Na_2CO_3 的碱性而增强去污能力,细沙的摩擦作用,白土的吸附作用,增加了对仪器的清洗效果。将待洗仪器用少量水润湿,加入少量去污粉,用毛刷擦洗后,用自来水洗去去污粉颗粒,最后用蒸馏水洗去自来水中带来的钙、镁、铁、氯等离子。用蒸馏水洗涤时应本着"少量、多次"的原则。其他合成洗涤剂也有较强的去污能力,使用方法类似于去污粉。

③ 铬酸洗液　洗涤油污及其他有机物。铬酸洗液有强腐蚀性,勿溅在衣物或皮肤上。当洗液由深棕色变为绿色时,应重新配制。由于铬离子对环境和水质会造成污染,应慎用该洗液,即使使用,也须及时回收。

④ 有机溶剂洗涤液　清洗胶状或焦油状的有机污垢,可选用丙酮、乙醚等浸泡,要加盖以免溶剂挥发。或用 NaOH 的乙醇溶液清洗。由于有机溶剂价值较高且一般具有挥发性,不到万不得已请不要随意使用有机溶剂清洗仪器。

⑤ 超声波清洗法　把用过的仪器,放在配有洗涤剂的溶液中,接通电源,利用声波的振动和能量,即可达到清洗仪器的目的。清洗过的仪器,再用自来水漂洗干净即可。使用超声波清洗器洗涤玻璃仪器,省时方便。

注意:不允许盲目使用各种化学试剂或有机溶剂来清洗仪器,这样不仅造成浪费,而且还可能带来危险。

洗涤玻璃仪器的基本要求：

① 洗净的仪器壁上不应附着不溶物、油污等。

② 已经洗净的玻璃仪器不能再用布或纸擦拭，因为纤维可能会残留在器壁表面。

③ 一般的有机制备或性质实验，对玻璃仪器的洁净程度要求不太高，洗涤时只要做到不挂水珠即可。在定性、定量实验中，杂质的引进会影响实验的准确性时，在用以上清洗方法后，仍需用蒸馏水进一步冲洗，遵循少量多次原则（一般冲洗三次）。

(2) 仪器的干燥

干燥是指除去与固体、液体或气体相关联并且能够影响操作进程的不必要的水分。由于有机化学反应或过程的苛刻性，有机化合物在物理性质测试、参与反应或蒸馏前均要进行干燥处理；大多数有机化学实验要求实验能够接触到的仪器也必须是干燥的。因此，要做好有机化学实验仪器和有机化合物的干燥就显得格外重要。实验室常用的干燥仪器见图 2-1。

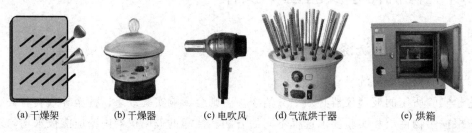

(a) 干燥架　　　(b) 干燥器　　　(c) 电吹风　　　(d) 气流烘干器　　　(e) 烘箱

图 2-1　实验室常用的干燥仪器

① 晾干　实验室干燥仪器最常用的方法是倒置晾干，也可倒置在气流烘干器上烘干。一般将洗净的仪器倒置一段时间后，若没有水迹，即可使用。

② 烘箱烘干　有些严格要求无水的实验，仪器的干燥与否甚至成为实验成败的关键，为此可将所使用的仪器放在烘箱中烘干。一般干燥玻璃仪器时应先沥干，无水滴下时才放入烘箱，放置时应使仪器口朝下，升温加热，将温度控制在 100～120℃ 之间。取出后不能碰水，以防炸裂。取出后的热玻璃器皿，若任其自行冷却，则器壁常有水汽凝结。可用电吹风吹入冷风助其冷却，以减少水汽凝结。有机实验室中常用的有鼓风干燥箱、红外干燥箱和真空干燥箱等。(**注意：不得把带有有机溶剂的仪器直接放入烘箱或先用热风吹！**)

③ 电吹风机吹干　较大的仪器或者在洗涤后需立即使用的仪器，为了节省时间，可将水尽量沥干后，加入少量丙酮或乙醇荡洗（使用后的丙酮或乙醇应倒回专用的回收瓶中），再用电吹风吹干。先通入冷风 1～2min，当大部分溶剂挥发后，再吹入热风使干燥完全（有机溶剂蒸气易燃烧和爆炸，故不宜先用热风吹），吹干后，再吹冷风使仪器逐渐冷却。否则，被吹热的仪器在自然冷却过程中会在瓶颈上凝结一层水汽。

④ 气流烘干器　试管、量筒等适合于在气流烘干器上烘干。

2.1.2　塞子的钻孔和简单的玻璃加工技术

有机化学实验安装实验装置，尤其是在缺少标准接口玻璃仪器时，常常要用到不同规格和形状的玻璃管和塞子等配件，才能将各种玻璃仪器合理正确地装配起来，如熔点管、毛细管、水蒸气蒸馏装置中的弯管等。因此，掌握塞子的选用、钻孔方法和玻璃管的加工，是进行有机化学实验必不可少的基本技能。

2.1.2.1 塞子的选择和钻孔

(1) 塞子的选择

目前,在玻璃仪器上配置的塞子有软木塞和橡胶塞。通常根据实验中的实际情况,再依据两种塞子的特点来合理选择。

软木塞:不易被有机化合物溶胀,但易漏气、易被酸碱腐蚀。

橡胶塞:不易漏气、不易被碱腐蚀,但易被有机化合物侵蚀或溶胀,从而向反应体系中引入杂质,同时价格也稍贵。

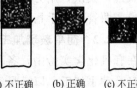

图 2-2 塞子规格的选择标准

塞子的规格分多种,其大小应与仪器的实际口径相适合。塞子进入瓶颈或管颈部分是塞子本身高度的 1/3~2/3,如图 2-2 所示。使用新的软木塞时只要能塞入 1/3~1/2 时就可以了,因为经过压塞机压软打孔后就有可能塞入 2/3 左右了。

(2) 钻孔器的选择

当实验中用到导气管、温度计、布氏漏斗、滴液漏斗等仪器时,往往需要插在塞子内,通过塞子和其他容器相连(如布氏漏斗插入橡皮塞与抽滤瓶相连)。因此,塞子上钻孔成为有机化学实验的基本技能。钻孔通常使用不锈钢制成的钻孔器(或打孔器)。这种钻孔器是靠手力钻孔,也可借机械力来钻孔。钻孔时,选择合适直径的钻嘴。所打孔径大于玻璃管等仪器时,不易紧密贴合;孔径太小,插入玻璃管等仪器时,容易折断伤到实验人员。

软木塞:选用比玻璃管等的外径稍小或接近的钻嘴,因为软木塞没有弹性,钻嘴的直径决定了所打的孔径。

橡胶塞:选用比玻璃管的外径稍大的钻嘴,因为橡胶塞有弹性,钻成后,会收缩使孔径变小。

(3) 钻孔的方法

软木塞钻孔之前,需在压塞机上压紧,防止钻孔时塞子破裂。首先,塞子小端朝上,平放在桌面上的一块木板上,避免当塞子被钻通后,损坏桌面。钻孔时,为了减少摩擦,特别是对橡胶塞钻孔时,可在钻孔器的下面涂一些甘油和水。左手握紧塞子平稳放在木板上,右手持钻孔器的柄,从塞子小端的中央垂直均匀地边向同一方向转动,边向下用劲。使钻孔器垂直于塞子平面,不能左右摇摆,更不能倾斜。钻孔应先钻一端,钻到塞子的 1/2 左右时,边转动钻孔器,边向上拔出。再从大的一端的中间向下垂直钻孔,直到钻通为止(图 2-3)。钻孔后要检查孔道是否合用,如果不费力就能将玻璃管插入,说明孔径太大,不够紧密,会漏气,不能用。若孔道略小或不光滑,可用圆锉修整。

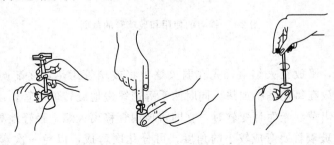

图 2-3 钻孔的方法

(4) 玻璃管插入软木塞的方法

首先,实验人员应戴上棉手套和护目镜,再用水或甘油润湿选好的玻璃管的一端(如插入温度计时即水银球部分);然后,左手拿住软木塞,右手指捏住玻璃管的另一端,稍稍用力转动逐渐插入。必须注意,右手指捏住玻璃管的位置与塞子的距离应经常保持 4cm 左右,不能太远;其次,用力不能过大,以免折断玻璃管刺破于掌,最好用布包裹住玻璃管。插入或拔出弯曲管时,手指不能捏在较脆弱的弯曲部分。

2.1.2.2 简单玻璃加工操作

在有机化学实验中,各种形状的玻璃管、滴管、搅拌棒和各种不同直径的毛细管,常常需要自己动手加工,以满足实验的需要。

(1) 玻璃管的洗净和干燥

在加工玻璃管之前需要将之洗净。管内的灰尘用水冲洗就可洗净。对于较粗的玻璃管,可以用布条来回拉动,擦去管内的脏物。如果管内附着油腻的东西,用水不能洗净,用布条也不能擦净时,可浸在洗涤剂或铬酸洗液里,然后取出用水冲洗。洗净的玻璃管必须干燥后才能加工。

(2) 玻璃管(棒)的切割

玻璃管(棒)的切割是用扁锉、三角锉或小砂轮片。切割时把玻璃管平放在桌子边缘,将锉刀(或砂轮片)的锋棱压在玻璃管(棒)要截断处[图 2-4(a)],然后用力把锉刀只是向前推或向后拉,不要来回拉锉(来回拉锉不仅会损伤锉刀的锋棱,而且会使锉痕加粗,断口不齐),在玻璃管上刻划出一条清晰、细直的深痕。折断玻璃管时,只要用两手的拇指托住锉痕的背面,再稍用拉和弯折的合力,就可使玻璃管断开[图 2-4(b)]。断口处应整齐。如果在锉痕上用水醮一下,则玻璃管更易断开。

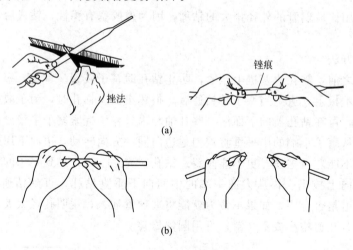

图 2-4 锉刀的使用和玻璃管的截断

(3) 弯玻璃管

两手持玻璃管,平放在火焰上,先在弱火焰中将玻璃管烤热,逐渐调节灯焰使成强火焰,将需要弯曲处放在氧化焰中加热。同时两手等速缓慢地旋转玻璃管,以使受热均匀。当玻璃管受热部分发出黄红光而且变软时,立即将玻璃管移离火焰,轻轻地顺势弯至一定的角度(图 2-5)。如果玻璃管要弯成较小的角度,可分几次弯成,以免一次弯得过多使弯曲部分发生瘪陷或纠结(图 2-6)。分次弯管时,各次的加热部位应稍有偏移,并且要等弯过的玻璃管稍冷后再重新加热,还要注意每次弯曲均应在同一平面上,不要使玻璃管变得歪扭。

弯管操作时，在火焰上加热，双手尽量不要往外拉或向内推，否则管径会变得不均；两手旋转玻璃管的速度要一致，玻璃管受热要适中，否则易出现弯曲、纠结和瘪陷；在一般情况下，不应在火焰中弯玻璃管。弯好的玻璃管用小火烘烤一两分钟，退火处理后，放在石棉网上冷却。不要直接放在实验台上或冷的金属铁台上。

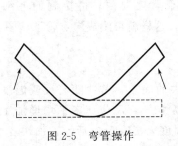

图 2-5　弯管操作　　　　　　　　　图 2-6　弯成的玻璃管

（4）拉制玻璃管

① 拉制滴管　选择洗净烘干的管径为 6~7mm 的玻璃管，截成所需长度，在酒精喷灯的氧化焰上加热管的中部，边加热边用两手等速地按同一方向慢慢地转动玻璃管。当开始烧软时，两手轻轻地稍向内挤，以加厚烧软处的管壁。当玻璃管烧成暗红色时，移离火焰，趁热慢慢拉制成适当直径的细管，拉伸时开始要慢，待拉到一定长度后快速拉伸（如图 2-7）。拉细玻璃管时，两手边拉伸边往复转动玻璃管，使拉成的细管与原管处于同一轴线上（图 2-8）。待稍冷后放到石棉网上冷却，然后用锉刀轻轻地截断细管。这样，一次可拉制成两支滴管。滴管的细管口用黄色小火焰熔光，而另一端于慢慢转动下在氧化焰上烧成暗红色，移离火焰，管口以垂直角度轻轻地摁到瓷板或石棉网上，然后放在石棉网上冷却。

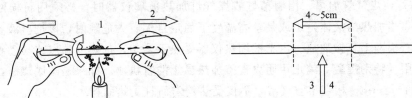

图 2-7　玻璃管的拉制
1—在火焰中旋转加热，由黄变软；2—离开火焰，趁热拉制；3—用小瓷片在拉制部分的中心轻轻刻痕；4—截断后可制成两根滴管

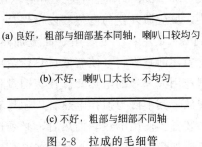

图 2-8　拉成的毛细管

② 拉制熔点管　用干净烘干的管径为 10mm 的薄壁玻璃管或坏试管，像拉滴管一样，拉成管径为 1~1.2mm 的毛细管。拉管时要密切注意毛细管的粗细（如图 2-9），冷却后截成 100mm 长，其两端在小火焰的边缘处封熔。封闭的管底要薄。用时把毛细管在中间截断，就成为两根熔点管。

图 2-9 拉测熔沸点用的毛细管

③ 拉制沸点管 按上述方法用玻璃管拉制成内径为 3～4mm 的细管，将其截成 60～80mm 长，在小火上封闭一端作外管，底要薄。将拉制的毛细管截成 80～100mm 长，封闭其一端为内管，这样就可组成沸点管了（图 2-10）。

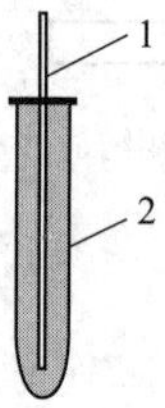

图 2-10 沸点管
1—内管；2—外管

2.1.3 加热、冷却

有机反应速率与反应温度有很大的关系，常伴随着反应温度升高而加快。经测定表明，反应温度每升高 10℃，反应速率平均增加 1～2 倍。因此，有机化学实验中常通过升高温度来提高反应活性，加快反应速率，缩短反应时间。有机化学实验的许多基本操作，如回流、蒸馏、蒸发、结晶等都要用到加热。

在有机化学实验中一般不用明火直接加热，因为很多有机化合物对温度敏感，局部过热，可能会引起部分分解或炭化；玻璃仪器也会因为剧烈的温度变化和加热不均匀而损坏，甚至引起火灾。

(1) 常规加热法及热源的选择

在有机化学实验中，为了保证传热均匀，实验室中常常根据具体温度区间选用间接加热方式，如作为传热的介质有空气、水、有机液体、熔融的盐和金属。根据有机化学实验的特点，以及加热温度升温的速度等需要，常采用下列手段。

① 酒精灯或煤气灯加热 用酒精灯或煤气灯加热玻璃仪器时，必须用石棉网隔开热源和反应容器，当加热的液体是水或是较高温度下稳定且无着火危险时，可把盛液容器（如锥形瓶）放在石棉网上直接加热。由于被加热仪器受热不均匀，加热低沸点或易燃物质时，此方法并不适用。**特别提醒：禁止用明火直接加热易燃的有机物。**如果是圆底烧瓶，瓶底距离石棉网最好 1～2mm，相当于空气浴，不仅受热均匀而且受热面积大。

② 空气浴加热 空气浴加热是利用热空气间接进行加热，实验室常用的有石棉网加热和电热套加热。在石棉网上进行空气浴加热时，玻璃仪器离石棉网约 1cm，使中间间隙因石棉网下方的火焰而充满热空气。80～250℃ 间进行的反应可以用这种加热方法。实验室最常用的空气浴加热是电热套加热，反应瓶外壁与电热套内壁保持 1～2cm 距离。通过调压器控制加热温度，能从室温加热到 200℃ 左右。主要用于回流加热。用它进行蒸馏或减压蒸馏时，随着蒸馏的进行，瓶内物质逐渐减少，会使瓶壁过热，造成蒸馏物被烤焦的现象。如果必须使用电热套加热蒸馏，则选用大一号的电热套。在蒸馏过程中，不断降低垫电热套的升降台的高度，就会避免烤焦现象。其中磁力搅拌电热套，还具有磁力搅拌功能，是有机化学实验中一种简便和安全的加热装置。使用电热套加热时，必须连接调压器，切勿向套内溅入水、酸碱或其他有机物，易造成加热内套的腐蚀，导致漏电。

③ 水浴加热 当反应需要加热的温度低于 100℃ 时，水浴是最为简单和常用的加热方式。水浴液面应略高于容器中的液面，反应容器底不可接触水浴锅底或侧壁。由于水温越高，蒸发越快，实验中可在水面上加几片石蜡，石蜡受热熔化铺在水面上，减少水的蒸发。必须强调的是，当有机化学反应或试剂对水敏感或遇水有危险时，绝不能在水浴中进行。

④ 油浴加热　当加热温度在100～250℃之间时，油浴是常用的加热方式。根据反应温度不同，可分为不同类型的油浴。

　　a. 甘油　使用范围：室温～150℃，温度过高即分解。甘油吸水性强，放置过久的甘油，使用前应首先加热蒸去所吸的水分，之后再用于油浴，否则油温高于100℃时，容易引起暴沸，烫伤实验人员。

　　b. 液体石蜡　使用范围：室温～220℃，温度再高，挥发较快，也易燃烧。固体石蜡也可加热到220℃以上，其优点是室温下为固体，便于保存。

　　c. 硅油　使用范围：室温～250℃。硅油稳定性、透明度好，安全，是目前实验中较为常用的油浴之一，价格相比其他油浴较贵。

使用油浴的注意事项：

(a) 油浴中不能吸入或溅入水分。油浴的油密度常比水小，溅入的水分沉在油浴锅底部，在温度过高时会产物泡珠或暴溅现象。

(b) 油浴加热时，缓慢升温，及时搅拌。当反应温度高于80℃，常使用油浴加热。温度设定应由低到高，逐次设定，直至目标温度，并及时搅拌油液，防止局部温度过高，导致油液变质，甚至引发火灾。当油受热冒烟时应立即停止加热。

(c) 油浴中应装置温度计（温度计的水银球不应触及油浴锅底），可以观察油浴的温度和有无过热现象，便于调节和控制温度。

(d) 反应结束后，取出反应容器时，仍用铁夹夹住反应容器离开液面悬置片刻，待容器外壁上附着的油滴完后，用纸或干布揩干后，再进一步清洗。

⑤ 沙浴　若加热温度在250～350℃范围，应采用沙浴。用铁盘装清洁干燥的细海沙（河沙），把盛有被加热物料的容器半埋在沙中，加热铁盘。由于沙对热的传导能力较差而散热却较快，所以容器底部与沙浴接触处的沙层要薄一些。由于沙浴温度上升较慢，且不易控制，因而使用范围不广。

除了以上介绍的几种加热方法外，还可用熔盐浴、金属浴（合金浴）、电热法等更多的加热方法，以适于实验的需要。无论采用何法加热，都要求加热均匀而稳定，尽量减少热量损失。

⑥ 微波加热　微波应用于有机合成起始于20世纪80年代。最常用的微波频率是2450MHz，该频率与化学基团的旋转振动频率接近。它利用微波辐射能使极性分子发生高速旋转而产生热效应，从而促进有机化学反应。这种热效应与传统加热方式相比，具有加热速度快、升温均匀、操作方便等特点，因而在有机合成中的应用日益受到重视。

(2) 冷却方法

有机反应中常有中间体不够稳定，必须在低温下进行，如重氮化反应、Wittig反应等；有的放热反应，常产生大量的热，使反应难以控制，并引起易挥发化合物的损失，或导致有机物的分解及副反应增加，为了除去过剩的热量，也需要冷却；此外，在结晶操作中，为使固体产品易于结晶析出并提高收率，通过降温来降低产品在溶剂中的溶解度；在旋转蒸发低沸点的有机溶剂时，通过低温冷凝增加溶剂的回收率，如乙醚的回收等。因此，根据有机化学实验的特点，以及冷却温度和放热的速度等需要，常采用下列冷却剂。

① 冷水　将反应物冷却最简单的方法，就是将盛有反应物的容器浸入冷水中冷却。水是最为廉价且高热容的冷却剂，常用作有机反应中的回流、蒸馏、分馏和结晶水浴等操作的冷却剂，但水温受季节影响较大。

② 冰-水　使用范围为0~5℃。冰和水的混合物来源简单，冷却的效果比单用冰好。

③ 冰-盐　使用范围为0~-40℃。冰-食盐混合物是最为常用的冷却剂，一份食盐与三份碎冰的混合物，可将反应温度降至-5~-18℃。冰与六水合氯化钙的结晶（$CaCl_2 \cdot 6H_2O$）的混合物，如10份六水合氯化钙结晶与7~8份碎冰均匀混合，可达到-20~-40℃。

④ 干冰（固体二氧化碳）　可冷却到-60℃，如在干冰中加入甲醇或丙酮等适量溶剂，可冷至-78℃。具体见表2-1所示。

表2-1　干冰与有机溶剂制作的冷却浴的冷却温度

冷却浴	温度/℃	冷却浴	温度/℃
对二甲苯	13	邻二甲苯	-29
1,4-二氧六环	12	乙腈	-41
苯	5	正辛烷	-56
甲酰胺	2	异丙醚	-60
碎冰	0	乙酸丁酯	-77
乙二醇	-10.5	丙酮	-78
苯甲醇	-15		

⑤ 液氮　用液氮作冷却剂可以获得-196℃的低温，为了保持冷却剂的效力，和干冰一样，液氮应盛放在保温瓶或其他的绝热容器中。

在冷却操作中，需要注意：避免使用超过所需范围的冷却剂，否则既增加成本，又影响反应速率。温度低于-38℃时不能使用水银温度计（水银的凝固温度是-38.87℃）。常使用装有有机液体（如甲苯可达-90℃，戊烷可达-130℃）的低温温度计。

2.2　有机化学实验常用反应装置简介

常用的有机化学实验装置有回流、蒸馏、分馏等。仪器间一般采用塞子连接或磨口连接，现大多使用磨口连接。

2.2.1　基本反应装置

常用的有机化学实验基本反应装置是回流冷凝装置，但需根据具体情况进行必要的改装，现分别简介如下。

(1) 回流冷凝装置

在室温下，有些化学反应速率很小或难于进行。为了使反应尽快地进行，常常需要使反应物质较长时间保持沸腾。在这种情况下，就需要使用回流冷凝装置，使反应能够在较高温度下进行，同时其蒸气又能不断地在冷凝管内冷凝而返回反应器中，以防止反应瓶中的物质逃逸损失。图2-11(a)是最简单的回流冷凝装置。将反应物质放在圆底烧瓶中，在适当的热源上或热浴中加热。直立的球形冷凝管夹套中自下而上通入冷水，使夹套充满水，水流速度不必很快，能保持蒸气充分冷凝即可。加热的程度也需控制，使蒸气上升的高度不超过冷凝管的1/3。

如果反应物怕受潮，可在冷凝管上端口上装接氯化钙干燥管来防止空气中湿气侵入［见图2-11(b)］。

(2) 气体吸收回流冷凝装置

如果反应中会放出有害气体（如溴化氢等），可在冷凝管上端加接气体吸收装置［图2-11(c)］。可根据放出气体的性质，选用酸性或碱性吸收液。仪器安装时，应使整个装置通大气，防止倒吸现象。如果体系既有有害气体放出，又要求避免和水汽接触，最好选择，图2-11(d)所示的冷凝管和气体吸收装置之间加接干燥管的装置。

(3) 滴加回流冷凝装置

有些反应很剧烈，放热量大，如将反应物一次加入，会使反应失去控制；有些反应为了控制反应物的选择性，也不能将反应物一次加入。在这些情况下，可采用滴加回流冷凝装置（图2-12），将一种试剂逐渐滴加进去。常用恒压滴液漏斗进行滴加。

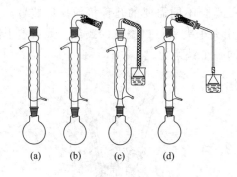

图 2-11　回流冷凝装置

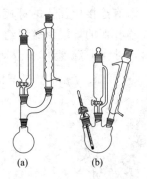

图 2-12　滴加回流冷凝装置

(4) 回流分水反应装置

在进行某些可逆平衡反应时，为了使正向反应进行到底，可将反应产物之一不断从反应混合物体系中除去，例如常采用回流分水装置除去生成物中的水分。在图2-13的装置中，有一个分水器，回流下来的蒸气冷凝液进入分水器，分层后，有机物密度小在上层，从分水器的支管处自动被送回烧瓶，而生成的水可从分水器下端的旋塞放出去。

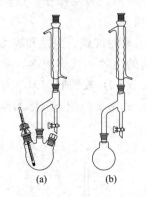

图 2-13　回流分水反应装置

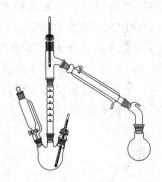

图 2-14　滴加蒸出反应装置

(5) 滴加蒸出反应装置

有些有机反应需要一边滴加反应物一边将产物或产物之一蒸出反应体系，防止产物发生二次反应。对于可逆平衡反应，蒸出产物还能使反应进行到底。这时常用与图2-14类似的反应装置来进行这种操作。反应产物可单独或形成共沸混合物不断在反应过程中蒸馏出去，并可通过滴液漏斗将一种试剂逐渐滴加进去以控制反应速率或使这种试剂消耗完全。

必要时可在上述各种反应装置的反应烧瓶外面用冷水浴或冰水浴进行冷却，在某些情况下，也可用热浴加热。

（6）搅拌回流反应装置

为了促进物质的混合、溶解或加速化学反应的进行，往往需要对物料进行振荡或搅拌。在反应物量小，反应时间短，而且不需要加热或温度不太高的操作中，如果对搅拌速度要求不高，用手摇动容器就可达到充分混合的目的。例如用回流冷凝装置进行反应时，有时需做间歇的振荡。

在需要较长时间进行搅拌的实验中，需要用效率高的搅拌装置。当反应混合物有悬浮的固体、互不相溶的液体或反应混合物很黏稠时，通常采用电动机械搅拌装置。电动机械搅拌是利用电机带动各种型号的搅拌棒进行搅拌。电机竖直安装在铁架台上，转速由调速器控制。转轴下端有连接搅拌棒的螺旋套头。图 2-15 是适合不同需要的几种机械搅拌装置。三口烧瓶套至搅拌棒的下端距瓶底约 5mm 的高度，用夹子夹紧三口烧瓶的颈部。最后装上冷凝管、滴液漏斗（或温度计）。整套仪器应安装在同一个铁架台上。

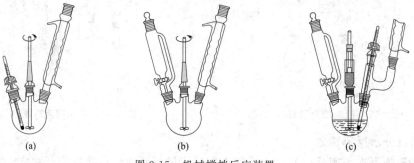

图 2-15　机械搅拌反应装置

在装配机械搅拌装置时，可采用简单的橡皮管密封或液封管密封。用液封管密封时，搅拌棒与玻璃管或液封管应配合合适，不要太紧也不要太松，搅拌棒能在中间自由地转动。对于没有特别要求的反应装置，选用橡皮管密封更为方便、简捷、容易操作。用橡皮管密封时，在搅拌棒和紧套的橡皮管之间用少量的凡士林或甘油润滑。

鉴于有机化学反应的实际情况，所使用的搅拌棒通常需要耐酸碱、腐蚀和高温，一般采用玻璃或包覆聚四氟乙烯的不锈钢等材料制成。搅拌所用的搅拌棒式样很多，常用的如图 2-16。其中（a）、（b）两种可以容易地用玻璃棒弯制。（c）、（d）较难制。但具有可以伸入狭颈的瓶中，且搅拌效果较好的优点。（e）为筒形搅拌棒，适用于两相不混溶的体系，其优点是搅拌平稳，搅拌效果好。

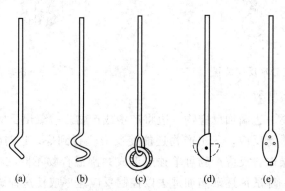

图 2-16　常见的搅拌棒

在搅拌装置安装完毕后，先用手指搓动搅拌棒试转，确信搅拌棒及其叶片在转动时不会触及瓶壁或温度计，摩擦力也不大，然后才可旋动调速旋钮，缓慢地由低挡向高挡旋转，直至合适的转速。在使用的过程中，只要听到搅拌棒擦刮、撞击瓶壁的声音或发现转速异常，应立即将调速旋钮旋至零。查找原因并处理，再重新试转。

当反应混合物固体量少且体系不是很黏稠时，可采用电磁（磁力）搅拌装置。电磁搅拌可在完全密封的装置中进行搅拌。磁力搅拌是利用磁场的同性相斥、异性相吸原理，利用电动机来变换磁体的磁极方向，推动放置在容器中带磁性的搅拌子进行圆周运转，从而达到搅拌液体的目的。磁性转子是一根包裹着玻璃或聚四氟乙烯外壳的软铁体，外形为棒状（用于锥形瓶等平底容器）或橄榄状（用于圆底瓶或梨形瓶等容器），搅拌子沿瓶壁小心放入瓶底，以免造成容器底部破裂。接通电源后，小心缓慢地由低速到高速方向旋转事先处于**归零状态**的转速旋钮，使搅拌均匀平稳进行。如发生磁子跳动撞击瓶壁现象，应立即使调速旋钮归零，待平稳后再缓慢重启。

图 2-17 磁力搅拌反应装置

进行磁力搅拌的装置是磁力搅拌器，它一般都带有温度和速度控制旋钮，使用后应将旋钮回零，注意防腐防潮。图 2-17 是带磁力搅拌的滴加回流冷凝反应装置，使用时，将放反应物的容器放在搅拌器机箱的圆盘上，容器内的转子转动的速度可通过调速器由小到大调节。

在装配以上各种搅拌实验装置时，使用的玻璃仪器和配装件应该是洁净干燥的。圆底烧瓶或三口烧瓶的大小应使反应物大约占烧瓶容量的 1/3~1/2，最多不超过 2/3。首先根据热源的高度将烧瓶固定在合适的高度（下面可以放置煤气灯、电炉、热浴或冷浴），然后逐一安装上冷凝管和其他配件。需要加热的仪器，应夹住仪器受热最小的部位，如圆底烧瓶靠近瓶口处。

(7) 无水无氧反应装置

在有机化学实验室，经常会遇到一些对空气中的氧气和水敏感的化合物，如有机硼烷、有机铝化合物、有机锂化合物和格氏试剂等。在这些实验中，反应装置、溶剂需干燥，而且试剂处理与反应体系均应处于惰性气体氛围之中。有关无水无氧实验操作技术目前采用的有三种方法：高真空线操作实验技术（vacuum-line）、手套箱操作技术（glove-box）和 Schlenk 操作技术。这三种操作技术各有优缺点，具有不同的适用范围。

无水无氧操作线也称史兰克线（Schlenk line），是一套惰性气体的净化及操作系统。通过这套系统，可以将无水无氧惰性气体导入反应系统，从而使反应在无水无氧气氛中顺利进行。无水无氧操作线主要由除氧柱、干燥柱、Na-K 合金管、截油管、双排管、真空计等部分组成（图 2-18）。

由于 Schlenk 操作的特点是在惰性气体气氛下（将体系反复抽真空-充惰性气体），使用特殊的玻璃仪器进行操作；这一方法排除空气比手套箱好，对真空度要求不太高（由于反复抽真空-充惰性气体），更安全，更有效。其操作量从几克到几百克，一般的化学反应（回流、搅拌、滴加液体及固体投料等）和分离纯化（蒸馏、过滤、重结晶、升华、提取等）以及样品的储藏、转移都可用此操作，因此被广泛运用。这里重点介绍双排管操作技术。

① 双排管操作的实验原理

双排管是进行无水无氧反应操作的一套非常有用的实验仪器，其工作原理是：两根分别

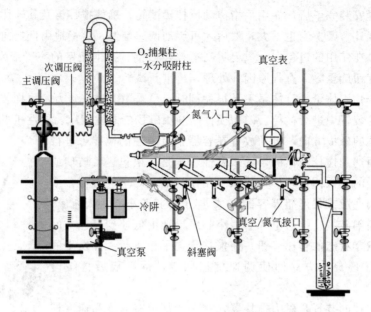

图 2-18 双排管无水无氧体系操作装置流程图

具有 5~8 个支管口的平行玻璃管,通过控制它们连接处的双斜三通活塞,对体系进行抽真空和充惰性气体两种互不影响的实验操作,从而使体系得到实验所需要的无水无氧的环境要求(图 2-19)。

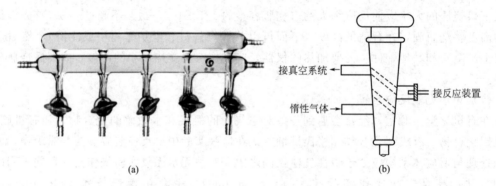

图 2-19 双排管的构造(a)及双斜三通活塞(b)

② 双排管实验操作步骤

a. 实验所需的仪器、药品、溶剂必须根据实验要求事先进行无水无氧处理(具体操作参看《常用试剂的纯化》)。

b. 安装反应装置并与双排管连接好,然后小火加热烘烤器壁抽真空-惰性气体置换(至少重复三次以上),把吸附在器壁上的微量水和氧移走。加热一般用酒精灯火焰来回烘烤器壁,除去吸附的微量水分;惰性气体一般用氮气或氩气,由于氮气便宜,所以实验室常用高纯氮气(99.99%)。

c. 加料。如果是固体药品可以在抽真空前先加,也可以后加(但一定要在惰性气体保护下进行);液体试剂可以用注射器加入,一般在抽真空、惰性气体保护后。

d. 反应过程中,注意观察计泡器保持双排管内始终要有一定的正压(但要注意起泡速度,避免惰性气体的浪费),直到反应得到稳定的化合物。

e. 实验完成后应及时关闭惰性气体钢瓶的阀门（先顺时针方向关闭总阀，指针归零；再逆时针松开减压阀，同样让指针归零，关闭节制阀）。最后，打扫卫生，清洗双排管，填写双排管的使用情况是否正常，维护好实验仪器。

③ 双排管的清洗干燥及橡胶材质的处理

a. 取下活塞时要标上相应的号，不要搞混，否则再装好时可能会漏气。

b. 洗管中的油脂可以用碱缸泡，再水洗，如果洗不掉可以加上活塞，关闭，向管中加入二氯甲烷，然后超声。有无机盐时可以用酸缸洗，或将浓硫酸加入管中泡。

c. 洗核磁管的小刷子可以用来洗细管处，可以将小刷子折成 L 形来洗靠里的细管。

d. 安装时真空管要用丙酮洗、烘干等处理。

e. 安装活塞时要用橡皮筋固定，防止气体开太大时弹出，打碎。

④ 注意事项

a. 如果含氧要求在 $2mL \cdot m^{-3}$ 的范围，在史兰克操作线上可以不用钠-钾合金管。

b. 无水无氧操作线中所用胶管宜采用厚壁橡胶管，以防抽换气时有空气渗入。

c. 如果在反应过程中要添加药品或调换仪器，需要开启反应瓶时，都应在较大的惰性气流中进行操作。

d. 反应系统若需搅拌，应使用磁力搅拌器。若使用机械搅拌器，应加大惰性气体流量。

e. 在连接油泵的真空管与双排管间一般要接上冷阱。

f. 如用于抽换气的物质是很轻的粉尘状物质，则需注意在抽气头或者是 Schlenk 管与真空管的连接处塞上一小团棉花，以免粉尘状物抽入双排管中。

2.2.2 有机化学实验玻璃仪器的装配和拆卸

有机化学实验常用的玻璃仪器装置，一般皆用铁夹将仪器依次固定于铁架上。以回流冷凝装置为例，安装仪器时先根据热源高低用铁夹夹住圆底烧瓶瓶颈磨口位置，垂直固定于铁架上。铁架应正对实验台外面，不要歪斜。若铁架歪斜，重心不一致，则装置不稳。然后将球形冷凝管下端正对烧瓶口用铁夹垂直固定于烧瓶上方，再放松铁夹，将冷凝管放下，使磨口塞塞紧后，再将铁夹稍旋紧，固定好冷凝管，使铁夹位于冷凝管中部偏上一些，用合适的橡皮管连接冷凝水，进水口在下方，出水口在上方。冷凝管（除空气冷凝管外）的安装应使其进水口处于最低位置，出水口处于最高位置，以使夹套能够全部被水充满。最后在冷凝管顶端装置干燥管。

安装仪器遵循的总则：(1) 先下后上，从左到右；(2) 正确、整齐、稳妥、端正；其轴线应与实验台边沿平行。

2.3 有机化合物的分离与提纯

2.3.1 有机化合物的干燥

有机化合物的干燥，根据除水原理，干燥方法可分为物理方法和化学方法。

常见的物理方法有风干、加热、吸附、分馏、共沸蒸馏等，也可采用离子交换树脂或分子筛、硅胶除水。离子交换树脂和分子筛均属多孔类吸水性固体，受热后又会释放出水分子,故可反复使用。

化学方法除水主要是利用干燥剂与水发生可逆或不可逆反应来除水。例如,无水氯化钙、无水硫酸镁(钠)等能与水反应,可逆地生成水合物,是目前实验室主要应用的一类方法;另有一些干燥剂如金属钠、五氧化二磷、氧化钙等可与水发生不可逆反应生成新的化合物。对于可逆反应的干燥剂,根据其组成在一定温度下具有恒定的蒸气压,与被干燥的液体和干燥剂的相对量无关,所以不可能将水完全移除,因此干燥剂的量要适当,一般为被干燥液体的5%左右,如果体系含大量的水,须在干燥前用其他方法除去;另外,温度升高使平衡向脱水方向移动,蒸馏前必须将干燥剂滤除。

(1) 气体的干燥

如有气体参加反应,往往需要把气体发生器或钢瓶中气体通过干燥剂干燥,但要根据被干燥气体的性质、潮湿程度和用量选择不同的干燥剂。固体干燥剂一般装入干燥管、干燥塔或U形管内,液体干燥剂通常装入常用洗气瓶内。用无水氯化钙干燥气体时须用块状氯化钙,以免粉末吸潮后结块堵塞,用浓H_2SO_4干燥既要考虑酸量适当,又要控制通入气体的速度,并在吸气瓶与反应瓶间连接安全瓶,防止倒吸。常用的气体干燥剂见表2-2。

表2-2 干燥气体的常用干燥剂

干燥剂	可干燥气体
碱石灰、CaO、NaOH、KOH	NH_3类
无水氯化钙	H_2、HCl、CO_2、CO、SO_2、N_2、O_2、低级烷烃、烯烃、醚、卤代烃
P_2O_5	烷烃、乙烯、H_2、O_2、CO_2、SO_2、N_2
$CaBr_2$、$ZnBr_2$	HBr
浓H_2SO_4	H_2、CO_2、Cl_2、HCl、烷烃

(2) 液体有机化合物的干燥

一般可将液体有机化合物与颗粒状干燥剂混在一起,以振荡的方式进行干燥处理。如果有机化合物中含水量较大,可分次进行干燥处理,直到重新加入的干燥剂不再有明显的吸水现象为止。例如,氯化钙仍保持颗粒状、五氧化二磷不再结块等。

① 选择合适干燥剂的原则

a. 不与被干燥化合物发生化学反应或催化作用。

b. 不溶解于该液态化合物。

c. 当选用与水结合生成水化物的干燥剂时,必须考虑干燥剂的吸水容量和干燥效能。吸水容量是指单位质量干燥剂吸水量的多少;干燥效能指达到平衡时液体被干燥的程度。吸水量较大,干燥速度较快。

d. 价格低廉。

常用干燥剂的性能及应用范围见表2-3。

表2-3 常用干燥剂及适用范围

化合物类型	干燥剂	化合物类型	干燥剂
烃	$CaCl_2$、P_2O_5、Na	酮	K_2CO_3、$CaCl_2$、$MgSO_4$、Na_2SO_4
卤代烃	$CaCl_2$、$MgSO_4$、Na_2SO_4、P_2O_5	酸、酚	$MgSO_4$、Na_2SO_4
醇	K_2CO_3、$MgSO_4$、CaO、Na_2SO_4	酯	$MgSO_4$、Na_2SO_4、K_2CO_3
醚	$CaCl_2$、P_2O_5、Na	胺	KOH、NaOH、K_2CO_3、CaO
醛	$MgSO_4$、Na_2SO_4		

② 使用干燥剂应该注意的事项

a. 液体有机化合物除了用干燥剂外，还可采用共沸蒸馏的方法除水。

b. 干燥剂形成水化物需要一定的平衡时间，故干燥剂加入后必须放置一段时间才能达到良好的脱水效果。

c. 已经吸收水分的干燥剂受热后容易脱水，故在蒸馏之前，必须把干燥剂和液体分开。

d. $CaCl_2$ 吸水量大，速度快，价廉。但不适用于醇、胺、酚、酯、酸、酰胺等的干燥。

e. Na_2SO_4 吸水量大，但作用慢，效力低，宜作为初步干燥剂。

f. $MgSO_4$ 吸水量大，比 Na_2SO_4 作用快，效力高。

g. K_2CO_3 用于碱性化合物干燥，不适用于酸、酚等酸性化合物。

h. KOH、NaOH 适用于胺、杂环等碱性化合物，不适用于醇、酯、醛、酮、酸、酚及其他酸性化合物的干燥。

i. Na 适用于醚、叔胺、烃中痕量水的干燥，不适用于氯代烃、醇及其他对金属钠敏感的化合物。

j. P_2O_5 不适用于干燥醇、酸、胺、酮、乙醚等化合物。

③ 干燥剂的用量　干燥剂用量不足达不到干燥的目的；用量过多，由于干燥剂的吸附会造成被干燥产品的损失。一般投入少量的干燥剂到液体中进行间隙振荡，若出现干燥剂附着器壁或相互黏结时，则说明干燥剂的用量不够。

(3) 固体有机化合物的干燥

干燥固体有机化合物最简便的方法就是将其摊开在表面皿或滤纸上并覆盖起来，自然晾干，不过这只适合于非吸湿性化合物。如果化合物热稳定性好，且熔点较高，就可将其置于烘箱中或红外灯下进行烘干处理。对于那些易吸潮或受热时易分解的化合物，则可放置在干燥器中进行干燥。

2.3.2　重结晶

重结晶是纯化固体物质的一种常用方法。通常固体化合物在溶剂中的溶解度随温度变化而变化，一般温度升高溶解度增加，反之则溶解度降低。利用这一性质，把固体化合物溶解在热的溶剂中配制成沸腾的浓热溶液，使不溶性杂质在热过滤时被滤除，滤液中若含有有色杂质，稍冷后加入活性炭煮沸并过滤，即可脱色除去。由于产品与杂质在溶剂中的溶解度不同，滤液经自然冷却析出晶体，过滤后与可溶性杂质分离，滤饼经洗涤、干燥即可得到纯化后的晶体，从而达到分离提纯的目的。

必须注意，杂质含量过多对重结晶极为不利，影响结晶速率，有时甚至妨碍结晶的生成。重结晶一般只适用于提纯杂质含量在 5% 以下的固体化合物，杂质含量过多，常会影响提纯效果，须经多次重结晶才能提纯或重结晶后仍有杂质。这就要求在重结晶前应根据具体情况，先采用其他方法进行初步提纯，如水蒸气蒸馏、减压蒸馏、萃取等，然后再进行重结晶处理。

(1) 溶剂的选择

在进行重结晶时，选择合适的溶剂至关重要。有机化合物在溶剂中的溶解性往往与其结构有关，结构相似者相溶，不似者不溶。如极性化合物一般易溶于水、醇、酮和酯等极性溶剂中，而在非极性溶剂如苯、四氯化碳等中要难溶解得多。这种相似相溶虽是经验规律，但对实验工作有一定的指导作用。重结晶选择的溶剂最好满足下列条件。

选择适宜的溶剂应注意下列条件。①不与被提纯化合物起化学反应。②在降低和升高温度下，被提纯化合物的溶解度应有显著差别。冷溶剂对被提纯化合物溶解度越小，回收率越高。③溶剂对可能存在的杂质溶解度较大，可把杂质留在母液中，不随待提纯物一同结晶析出或对杂质溶解度很小，难溶于热溶剂中，趁热过滤以除去杂质。④能生成较好的结晶。⑤溶剂沸点不宜太高，容易挥发，易与结晶分离。⑥价廉易得，无毒或毒性很小。

在重结晶操作过程中，按照重结晶对溶剂的要求，首先从文献查出重结晶有机化合物的溶解度数据或从被提纯物结构导出的关于溶解性能的推论，作出选择溶剂的参考，最后溶剂的选定须用实验方法确定。

① 单一溶剂的选择　取 0.1g 样品置于干净的小试管中，用滴管逐滴滴加某一溶剂，并不断振摇，当加入溶剂的量达 1mL 时，可在水浴上加热，观察溶解情况，若该物质（0.1g）在 1mL 冷的或温热的溶剂中很快全部溶解，说明溶解度太大此溶剂不适用。如果该物质不溶于 1mL 沸腾的溶剂中，则可逐步添加溶剂，每次约 0.5mL，加热至沸，若加溶剂量达 4mL，而样品仍然不能全部溶解，说明溶剂对该物质的溶解度太小，必须寻找其他溶剂。若该物质能溶解 1~4mL 沸腾的溶剂中，冷却后观察结晶析出情况，若没有结晶析出，可用玻璃棒擦刮管壁或者辅以冰盐浴冷却，促使结晶析出。若晶体仍然不能析出，则此溶剂也不适用。若有结晶析出，还要注意结晶析出量的多少，并要测定熔点，以确定结晶的纯度。最后综合几种溶剂的实验数据，确定一种比较适宜的溶剂。这只是一般的方法，实际情况往往复杂得多，选择一个合适的溶剂通过实验方法决定，在进行实验时，必须严防溶剂着火。常用的重结晶溶剂物理常数见表 2-4。

表 2-4　常用的重结晶溶剂物理常数

溶剂	沸点/℃	冰点/℃	相对密度	与水的混溶性	易燃性
水	100	0	1.00	+	0
甲醇	64.96	<0	0.79	+	+
乙醇(95%)	78.1	<0	0.80	+	++
冰醋酸	117.9	16.7	1.05	+	+
丙酮	56.2	<0	0.79	+	+++
乙醚	34.51	<0	0.71	−	++++
石油醚	30~60	<0	0.64	−	++++
乙酸乙酯	77.06	<0	0.90	−	++
苯	80.1	5	0.88	−	++++
氯仿	61.7	<0	1.48	−	0
四氯化碳	76.54	<0	1.59	−	0

注："+"表示易燃程度，"+"越多，同等条件下越易燃；"0"则表示不可燃。

对于难于找到一种合用的溶剂时，可采用混合溶剂。

② 混合溶剂的选择

a. 固定配比法　将良溶剂与不良溶剂按各种不同的比例相混合，分别像单一溶剂那样试验，直至选到一种最佳的配比。

b. 随机配比法　先将样品溶于沸腾的良溶剂中，趁热过滤除去不溶性杂质，然后逐滴滴入热的不良溶剂并摇振之，直到浑浊不再消失为止。再加入少量良溶剂并加热使之溶解变清，放置冷却使结晶析出。如冷却后析出油状物，则需调整比例再进行实验或另换别的混合溶剂。

混合溶剂一般是以两种能以任何比例互溶的溶剂组成，其中一种对被提纯的化合物溶解度较大，而另一种溶解度较小，一般常用的混合溶剂有：乙醇-水、丙酮-水、乙醚-甲醇、乙醚-石油醚、醋酸-水、吡啶-水、乙醚-丙酮、苯-石油醚等。

(2) 被提纯物质的溶解

被提纯物质的溶解应根据溶剂的沸点和易燃情况，选择适当的热浴方式加热。当用有机溶剂进行重结晶时，使用回流装置。为了尽可能避免溶剂挥发或可燃溶剂着火及有毒溶剂中毒，应在圆底烧瓶（或锥形瓶）上装上回流冷凝管，选择适当热浴加热。将样品置于圆底烧瓶或锥形瓶中，加入比需要量略少的溶剂，投入几粒沸石，开启冷凝水，开始加热并观察样品溶解情况。若未完全溶解可用滴管自冷凝管顶端分次补加溶剂，每次加入后均需再加热使溶液沸腾，直至样品全部溶解。

在以水为溶剂进行重结晶时，可以用烧杯溶样，在石棉网上加热，其他操作同前，只是需估计并补加因蒸发而损失的水。如果所用溶剂是水与有机溶剂的混合溶剂，则按照有机溶剂处理。

在溶样过程中，要注意判断是否有不溶或难溶性杂质存在，以免误加过多溶剂。若难以判断，宁可先进行热过滤，然后将滤渣再以溶剂处理，并将两次滤液分别进行处理。在重结晶中，若要得到比较纯的产品和比较好的收率，必须注意溶剂的用量。减少溶解损失，应避免溶剂过量，但溶剂太少，又会给热过滤带来很多麻烦，可能造成更大损失，所以要全面衡量以确定溶剂的适当用量，一般比需要量多加20％左右的溶剂即可。

(3) 脱色

粗产品溶解后，如其中含有有色或树脂状杂质，会影响产品的纯度甚至妨碍晶体的析出。此时须加入吸附剂除去这些杂质。向溶液中加入吸附剂并煮沸5～10min，使其吸附掉样品中杂质的过程叫脱色。最常使用的脱色剂是活性炭，活性炭可吸附色素及树脂状物质（如待结晶化合物本身有色则活性炭不能脱色）。使用活性炭应注意以下几点。

① 加活性炭以前，首先将待结晶化合物加热溶解在溶剂中。

② 待热溶液稍冷后，加入活性炭，振摇，使其均匀分布在溶液中。活性炭绝对不可加到正在沸腾的溶液中，否则会暴沸，溶液易冲出来。

③ 加入活性炭的量，视杂质多少而定，一般为粗品质量的1％～5％，加入量过多，活性炭将吸附一部分纯产品。如仍不能脱色等溶液稍冷后可重复上述操作。过滤时选用的滤纸要紧密，以免活性炭透过滤纸进入溶液中，如发现透过滤纸，应加热微沸后重新过滤。

④ 活性炭在水溶液中进行脱色效果最好，它也可在其他溶剂中使用，但在烃类等非极性溶剂中效果较差。

(4) 热过滤

为了避免过滤时溶液冷却而晶体析出，造成操作困难和产品损失，须使过滤操作尽快完成，一般趁热过滤以除去不溶性杂质、脱色剂及吸附于脱色剂上的其他杂质。方法有两种，即常压过滤和减压过滤。

① 常压过滤　选一短颈而粗的玻璃漏斗放在烘箱中预热，过滤时趁热取出使用。在漏斗中放一大小合适的折叠滤纸（如图2-20），折叠滤纸向外的棱边，应紧贴于漏斗壁上。先用少量热的溶剂润湿滤纸，然后加溶液，再用表面皿盖好漏斗，以减少溶剂挥发。如过滤的

溶液量较多，则应用热水保温漏斗，将它固定安装妥当后，过滤前预先将夹套内的水烧热，如图 2-21(a) 所示，为了保持热水漏斗有一定的温度，在过滤时可用小火加热。但要注意，过滤易燃溶剂时应将火焰熄灭！若操作顺利，只有少量结晶析出在滤纸上，可用少量热溶剂洗下。

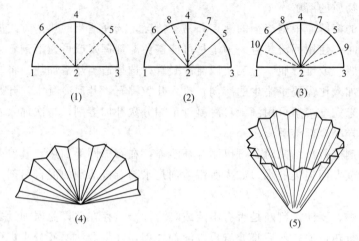

图 2-20　折叠式滤纸的折叠顺序

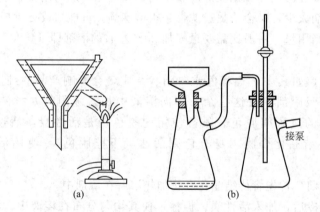

图 2-21　热过滤（a）及抽滤装置（b）

② 减压过滤（抽滤）　减压过滤也称抽滤或真空过滤，其装置由布氏漏斗、抽滤瓶、安全瓶及水泵组成，如图 2-21(b) 所示。此法可加速过滤，并使沉淀抽吸得较干燥，但不宜过滤胶状沉淀和颗粒太小的沉淀，因为胶状沉淀易穿透滤纸，沉淀颗粒太小易在滤纸上形成一层密实的沉淀，溶液不易透过。滤下的热溶液，由于减压，溶剂易沸腾而被抽走。尽管如此，实验室还较普遍采用。

减压过滤应注意：滤纸不能大于布氏漏斗的底面；在过滤前应将布氏漏斗放入烘箱（或用电吹风）预热；如果以水为溶剂，也可将布氏漏斗置于沸水中预热。

为了防止活性炭等固体从滤纸边吸入抽滤瓶中，在溶液倾入漏斗前必须用同一热溶剂将滤纸润湿后抽滤，使其紧贴于漏斗的底面。当溶剂为水或其他极性溶剂时，只要以同种溶剂将滤纸润湿，适当抽气，即可使滤纸贴紧；但在使用非极性溶剂时，滤纸往往不易贴紧，在这种情况下可用少量水先将滤纸润湿，抽气使其贴紧后，再用溶样的那种溶剂洗去滤纸上的水分，然后倒入溶液抽滤。在抽滤过程中，应保持漏斗中有较多的溶液，待全部溶液倒完后才抽干，否则，吸附有树脂状物质的活性炭可能会在滤纸上结成紧密的饼块阻碍液体透过滤纸。同时，压力亦不可抽得过低，以防溶剂沸腾抽走，或将滤纸抽破使活性炭漏下混入滤液中。

如果由于操作不慎而使活性炭透过漏纸进入滤液，则最后得到的晶体会呈灰色，这时需重新热溶过滤。

(5) 冷却结晶

将热滤液冷却，溶解度减小，溶质即可部分析出。此步的关键是控制冷却速度，使溶质真正成为晶体析出并长到适当大小，而不是以油状物或沉淀的形式析出。

一般来说，若将热滤液迅速冷却或在冷却下剧烈搅拌，所析出的结晶颗粒很小，小晶体包裹杂质少。因表面积较大，吸附在表面上的杂质较多，若将热滤液在室温或保温静置让其慢慢冷却，析出的结果晶体较大。

杂质的存在将影响化合物晶核的形成和结晶体的生长，造成虽已达到饱和状态也不析出结晶体。为了促进化合物结晶体析出，通常采取一些必要的措施，帮助其形成晶核，以利结晶体的生长。其方法如下所述。

① 用玻璃棒摩擦瓶壁，以形成粗糙面或玻璃小点作为晶核，使溶质分子呈定向排列，促使晶体析出。

② 加入少量该溶质的晶体于此过饱和溶液中，结晶体往往很快析出，这种操作称为"接种"或"种晶"。实验室如无此晶种，也可自己制备，取数滴过饱和溶液于一试管中旋转，使该溶液在容器壁表面呈一薄膜，然后将此容器放入冷冻液中，所形成结晶作为"晶种"之用，也可取一滴过饱和溶液于表面皿上，溶剂蒸发而得到晶种。

③ 冷冻过饱和溶液。温度降低，溶解度降低，有利于结晶体的形成。将过饱和溶液放置冰箱内较长时间，促使结晶体析出。

有时被纯化物质呈油状物析出，长时间静置足够冷却，虽也可固化，但固体中杂质较多。用溶剂大量稀释，则产物损失较大。这时可将析出油状物加热重新溶解，然后慢慢冷却。当发现油状物开始析出时便剧烈搅拌，使油状物在均匀分散的条件下固化，如此包含的母液较少。当然最好还是另选合适的溶剂，以便得到较纯的结晶产品。

(6) 滤集晶体并干燥

常用抽滤的方法使析出的结晶体与母液分离。最好用清洁的玻璃塞将晶体在布氏漏斗上挤压，并随同抽气尽量除去母液，结晶体表面残留的母液，可用很少量的冷溶剂洗涤，这时抽气应暂时停止，用玻璃棒或不锈钢刮刀将晶体挑松，使晶体润湿，稍待片刻，再抽气把溶剂滤去，重复操作1~2次。从漏斗上取出晶体时，常与滤纸一起取出，待干燥后，用刮刀轻敲滤纸，注意勿使滤纸纤维附于晶体上，晶体即全部下来。过滤少量的晶体，可用玻璃钉漏斗，以抽滤管代替抽滤瓶，玻璃钉漏斗上铺的滤纸应较玻璃钉的直径稍大，滤纸用溶剂先润湿后进行抽滤，用玻璃棒或刮刀挤压使滤纸的边沿紧贴于漏斗上。将晶体取出放在表面皿干燥。

(7) 回收溶剂

如果重结晶选择的是有机溶剂，则需要通过蒸馏法进行回收。

(8) 测定熔点

将干燥后的晶体测定熔点，结果与文献值对照，以此检验重结晶后的纯度，如果不理想，可再次重结晶进行纯化。

2.3.3 升华

固体物质受热后不经熔融就直接转变为蒸气，该蒸气经冷凝又直接转变为固体，这个过程称为升华。升华是纯化固体有机物的一种方法。利用升华不仅可以分离具有不同挥发度的固体混合物，而且还能除去难挥发的杂质。但一般只适用于在不太高的温度下有足够大的蒸气压［高于 2.67kPa（20mmHg）］的固态物质。一般由升华提纯得到的固体有机物纯度都较高。但是，由于该操作较费时，而且损失也较大，因而升华操作通常只限于实验室少量（1~2g）物质的纯化。

(1) 原理

广义地说，无论是由固体物质直接挥发，还是由液体物质蒸发，所产生的蒸气只要是不经过液态而直接转变为固体，这一过程都称为升华。有些物质在常压下进行升华时效果较差，这时可在减压条件下进行升华操作。

(2) 操作方法

① 常压升华　将待升华物质研细后放置在蒸发皿中，然后用一张扎有许多小孔的滤纸覆盖在蒸发皿口上，并用一玻璃漏斗倒置在滤纸上面，在漏斗的颈部塞上一团疏松的棉花［如图 2-22(a)］。用小火隔着石棉网慢慢加热，使蒸发皿中的物质慢慢升华，蒸气透过滤纸小孔上升，凝结在玻璃漏斗的壁上，滤纸面上也会结晶出一部分固体。较大量物质的升华可在烧杯中进行，如图 2-22(b) 的装置。烧杯上放一个通冷水的烧瓶，蒸汽在烧瓶底部凝结成晶体。

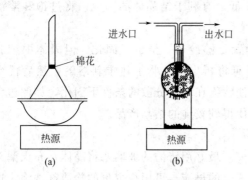

图 2-22　常压升华装置

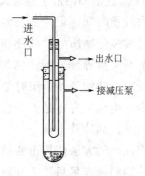

图 2-23　减压升华装置

② 减压条件下的升华　可用图 2-23 所示的装置。适用于常压下其蒸气压不大或者受热易分解的物质。把待升华物质放入吸滤管中，然后将装有具支试管的塞子塞紧，通入冷凝水，再开泵抽气减压并加热吸滤管，被升华的物质凝结在通有冷水的管壁上。

(3) 注意事项

① 待升华物质要经充分干燥，否则在升华操作时部分有机物会与水蒸气一起挥发出来，影响分离效果。

② 在蒸发皿上覆盖一层布满小孔的滤纸，主要是为了在蒸发皿上方形成一层温差，使逸出的蒸气容易凝结在玻璃漏斗壁上，提高物质升华的收率。

③ 为了达到良好的升华分离效果，最好采取沙浴或油浴而避免用明火直接加热。

2.3.4 萃取与洗涤

萃取是提取或纯化有机化合物的常用方法之一。如果是从固体或液体混合物中提取所需要的物质叫做"萃取"或"抽提";如果是洗去混合物中的少量杂质称为洗涤。萃取和洗涤在原理上是一样的,只是目的不同。

(1) 基本原理

萃取与洗涤的基本原理都是利用物质在互不相溶(或微溶)的溶剂中溶解度或分配比的不同而达到分离、纯化的目的。分配定律是萃取方法的主要理论依据,物质对不同的溶剂有着不同的溶解度。同时,在两种互不相溶的溶剂中,加入某种可溶性的物质时,它能分别溶解于两种溶剂中,实验证明,在一定温度下,该化合物与此两种溶剂不发生分解、电解、缔合和溶剂化等作用时,此化合物在两种溶剂中的浓度之比为一常数,即所谓"分配定律"。用公式可表示为:

$$c_A/c_B = K$$

式中,c_A、c_B 分别表示同一种化合物在两种互不相溶的溶剂 A、B 中的质量浓度;K 是一常数,称为"分配系数",可以近似地看作为此物质在两溶剂中溶解度之比。

要把所需要的物质从溶液中较完全萃取出来,通常萃取一次是不够的,必须重复萃取数次。利用分配定律的关系,可以得到经过萃取后化合物的剩余量。

设:V 为原溶液的体积;W_0 为萃取前化合物的总量;W_1 为萃取一次后化合物的剩余量;W_2 为萃取二次后化合物的剩余量;W_n 为萃取 n 次后化合物的剩余量;S 为萃取溶液的体积。

经第一次萃取,原溶液中该化合物的质量浓度为 W_1/V;而萃取溶剂中该化合物的质量浓度为 $(W_0-W_1)/S$;两者之比等于 K,即:

$$\frac{W_1/V}{(W_0-W_1)/S} = K \Longrightarrow W_1 = \frac{KV}{KV+S} \cdot W_0$$

同理,经过二次萃取后,则有:

$$\frac{W_2/V}{(W_1-W_2)/S} = K \Longrightarrow W_2 = \frac{KV}{KV+S} \cdot W_1 = \left(\frac{KV}{KV+S}\right)^2 \cdot W_0$$

经过 n 次萃取后的剩余量:$W_n = \left(\dfrac{KV}{KV+S}\right)^n \cdot W_0$。

当用一定量溶剂时,希望在水中被萃取物的剩余量越少越好。而上式 $KV/(KV+S)$ 总是小于 1,所以 n 越大,W_n 就越小。还应该注意,上面的公式适用于几乎与水不相溶的溶剂,例如苯、四氯化碳等。而与水有少量互溶的溶剂诸如乙醚等,上面公式只是近似的。但还是可以定性地给出预期的结果。

(2) 萃取溶剂

溶剂的萃取效率与溶剂的性质密切相关。一般来讲,要选用对被提取物质溶解度大,同时与原溶剂不相混溶的溶剂,最好用沸点较低、毒性小的溶剂。一般难溶于水的物质用石油醚等萃取剂;较易溶者,用苯或乙醚等萃取剂;易溶于水的物质用乙酸乙酯等萃取剂。例如,从水中萃取有机物时常用氯仿、石油醚、乙醚、乙酸乙酯等溶剂。

萃取通常分为液-液萃取和液-固萃取。对液-液萃取而言,有两类萃取剂。一类萃取剂通常为有机溶剂,其萃取原理是利用物质在两种互不相溶(或微溶)的溶剂中溶解度不同(或分散系数）的不同，从而达到将物质分离出来的目的。依照分配定律，用定量的溶剂分多次萃取比一次萃取的效率高，一般萃取三次即可将绝大部分的物质提取出来。另一类萃取剂是反应型试剂，其萃取原理是利用它与被提取的物质发生化学反应，这种萃取常用于从化合物中洗去少量杂质或分离混合物，常用的碱性萃取剂如5％氢氧化钠或10％的碳酸钠（碳酸氢钠）溶液，可以从混合物中分离出有机酸或除去酸性杂质；而酸性萃取剂如稀硫酸、稀盐酸，则可从混合物中分离出有机碱或除去碱性杂质，浓硫酸则可从饱和烃中除去不饱和烃或从卤代烃中除去醇和醚等。

对于液-固萃取而言，萃取原理是利用固体样品中被提取的物质和杂质在同一液体溶剂中溶解度的不同而达到提取和分离的目的。选择萃取溶剂的基本原则是：

① 萃取溶剂对被提取物有较大的溶解度，并且与原溶剂不相溶或微溶；
② 两溶剂之间的相对密度差异较大，以利于分层；
③ 化学稳定性好，与原溶剂和被提取物都不反应；
④ 沸点较低，萃取后易于用常压蒸馏回收外，也应考虑价廉、毒性小、不易着火等条件。

(3) 萃取操作

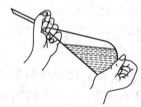

图 2-24　振荡分液漏斗

① 液-液萃取　通常用分液漏斗进行液-液萃取，萃取操作之前，首先要选择容量适当的分液漏斗（容积较液体体积大一倍以上），检查其顶塞和旋塞是否严密，可用水试漏。确认不漏后，将分液漏斗放在铁架台的铁圈上，关闭旋塞，把待萃取混合液和萃取溶剂（其量为所需萃取溶剂总量的1/3，总量不超过分液漏斗容积的3/4）从上口倒入分液漏斗中，旋紧顶塞封闭漏斗上口颈部的小孔，避免漏失液体。为使萃取溶剂和待萃取混合液充分接触，提高萃取效率，必须振荡分液漏斗，其方法如图2-24所示。

用右手手掌顶住漏斗顶塞并握住漏斗，左手的食指和中指夹住下口管，同时食指和拇指控制旋塞，中指垫在塞座下边，这样可以灵活地开启和关闭活塞，又能防止振荡分液漏斗时活塞转动或脱落。前后摇动或做圆周运动，使液体两相充分接触。振荡后，使分液漏斗处于倾斜状态，下口向上并指向无人和无明火处，开启活塞，放出产生的气体，使漏斗内外压力平衡。一般振荡2~3次就放一次气，振荡、放气重复数次至放气时只有很小压力后，再振荡 2~3min 后，把分液漏斗重新放回铁圈上，静置（间隙性打开分液漏斗上口的塞子，保持与大气相通）、分层。当液体分成清晰的两层以后，打开分液漏斗上口的塞子通大气。再慢慢转动旋塞，将下层液体从下口放出，分液漏斗颈的尖端要紧靠在承接液体的容器的内壁上，以免液体迸溅；当上下两层液体的界面下降到接近旋塞时，关闭旋塞，稍加旋摇，静置，再仔细放出下层液体。然后将上层液体从分液漏斗的上口倒入另一个容器中（注意：分液时要保持漏斗内压强与外界大气压一致！）。重复上述操作三次，每次都用新的萃取剂对分离出来的仍含有被萃取物质的溶液进行萃取。合并萃取液，干燥后，通过蒸馏除去萃取溶剂，便可获得被提取物。

萃取某些含有碱性或表面活性较强的物质时，常会产生乳化现象。有时由于存在少量轻质沉淀，溶剂部分互溶，两液相相对密度相差较小等，会使两液相很难明显分层。有时会产生一些絮状沉淀物，夹杂在两液相之间，以上现象都使分离困难。破坏乳化和除去絮状物的方法有如下几种：a. 较长时间静置。b. 加入少量电解质（如氯化钠），以增加水层的相对密度,利用盐析效应使有机化合物在水层中溶解度降低。c. 若因碱性物质产生乳化现象,可加入少量稀酸以破坏乳化或采用过滤等方法来消除。d. 加热以破坏乳状液(注意防止燃烧),或滴加数滴乙醇或其他第三种溶剂改变表面张力,以破坏乳状液。

② 液-固萃取 实验室常用索氏 (Soxhlet) 提取器 (也称脂肪提取器) 从固体中作连续提取操作,其工作原理是通过对溶剂加热回流并利用虹吸现象,使固体物质连续被溶剂所萃取。具体操作如下:

首先把固体物质粉碎研细,放在圆柱形滤纸筒中。滤纸筒的直径小于索氏提取器的内径,其高度介于索氏提取器外侧的虹吸管和蒸气上升用支管口之间,提取器下口与盛有萃取溶剂的圆底烧瓶连接,上口与回流冷凝管相连。向圆底烧瓶加入溶剂,并投放几粒沸石,配置冷凝管,如图 2-25 所示。开始加热(如为易燃性溶剂,需用水浴加热),使溶剂沸腾,其蒸气通过提取器外侧直径较大的支管上升,被冷凝管冷凝为液体,回滴到盛有固体物质粉末的圆柱形滤纸筒内,保持回流冷凝液不断滴入提取管中,当其液面高出虹吸管顶端时,和所提取的物质一同从虹吸管自动流回烧瓶中。溶剂受热后又会被蒸发,蒸气经冷凝又回流至提取管,如此反复,使萃取物不断地积聚在烧瓶中。当萃取物基本上被提取出来后,蒸除溶剂,即可获得提取物。虽然使用一次量的溶剂,但由于通过重复循环流动,固体物质不断地与新鲜溶剂接触,因而大大提高了萃取效率。如果延长萃提取器取时间,某些在有机溶剂中溶解度很小的物质,也可能被萃取出来,蒸除溶剂,便可得到被提取物。

图 2-25 索氏提取器装置

2.3.5 常压蒸馏

将液体加热至沸腾,使液体变为蒸汽,然后使蒸汽冷却再凝结为液体,这两个过程的联合操作称为蒸馏。通过加热,使低沸点组分蒸发,再冷凝,从而达到确定组分纯度、沸程、沸点并分离整个组分的目的;通过蒸馏,能把沸点相差较大的两种或两种以上的液体混合物逐一分开(一般沸点相差 30℃ 以上,才可以进行分离;而要彻底分离,沸点要相差 110℃ 以上),也可以把易挥发物质和不挥发物质分开,从而回收溶剂和浓缩溶液。与其他的分离手段,如萃取、过滤结晶等相比,它的优点在于不需使用系统组分外的其他溶剂,从而保证不会引入新的杂质。

通常纯粹的液态物质在大气压力下有一定的沸点。如果在蒸馏过程中,沸点发生变动,那就说明物质不纯。因此可借蒸馏的方法来测定物质的沸点和定性检验物质的纯度。但是某些有机化合物往往能和其他组分形成二元或三元恒沸混合物,它们也有一定的沸点。因此,不能认为沸点一定的物质都是纯物质。

液体分子由于分子运动有从表面逸出的倾向,这种倾向随温度的升高而增大,进而在液面上部形成蒸气。当分子由液体逸出的速度与分子由蒸气回到液体中的速度相等时,液面上的蒸气达到饱和,称为饱和蒸气,它对液面所施加的压力称为饱和蒸气压。实验证明,液体的蒸气压只与温度有关,即液体在一定温度下具有一定的蒸气压。这是指液体与它的蒸气平衡时的压力,与体系中液体和蒸气的绝对量无关。

(1) 蒸馏装置

蒸馏装置主要包括汽化、冷凝和接收三部分,如图 2-26 所示。

① 蒸馏瓶　圆底烧瓶是蒸馏时最常用的容器。它与蒸馏头组合习惯上称为蒸馏烧瓶。蒸馏瓶大小的选用与被蒸液体量的多少有关，通常所蒸馏的原料液体的体积应占圆底烧瓶容量的 1/3～2/3。

② 蒸馏头　在蒸馏低沸点液体时，选用长颈蒸馏头；反之，则选用短颈蒸馏头。

③ 温度计　温度计应根据被蒸馏液体的沸点来选，根据精确度的要求和液体沸点高低确定温度计的选用。

④ 冷凝管　冷凝管可分为水冷凝管和空气冷凝管两类，水冷凝管用于被蒸液体沸点低于 140℃；空气冷凝管用于被蒸液体沸点高于 140℃。

⑤ 尾接管及接收瓶　尾接管将冷凝液导入接收瓶中。常压蒸馏选用锥形瓶为接收瓶，减压蒸馏选用圆底烧瓶为接收瓶。如果蒸馏出的物质沸点低、挥发性大时，应将接收器放入冰水浴中；如果蒸馏出的物质易受潮分解，可在尾接管上连接一个氯化钙干燥管；如果蒸馏出的物质易挥发、易燃或有毒，则尚需装配气体吸收装置如图 2-26(b) 所示。

装配顺序一般是自下而上，从左至右。首先根据热源的位置和高低，调节铁架台上持夹的位置，选择并固定好圆底烧瓶的位置，夹持烧瓶的单爪夹应夹在烧瓶支管以上的瓶颈处或标准磨口仪器的磨口部分（即远离热源的地方）且不宜夹得太紧。装上蒸馏头。在另一铁架台上，用铁夹夹住冷凝管的中上部分，调整铁架台与铁夹的位置，使冷凝管的中心线和蒸馏头支管的中心线成一直线。移动冷凝管，把蒸馏头的支管和冷凝管严密地连接起来；再装上尾接管和接收器。最后将温度计装入温度计套管中，装配到蒸馏头上。调整温度计的位置，通常水银球的上端应恰好位于蒸馏头的支管的底边所在的水平线上，如图 2-26(a) 所示。热源和接收瓶这两端只许垫高一端，不允许两端同时垫高。安装好的装置，其竖直部分应垂直于实验台面，全部仪器的中轴线应处在同一平面内，且该平面与实验台的边缘平行。整套装置要满足"横成面、纵成线"的要求。

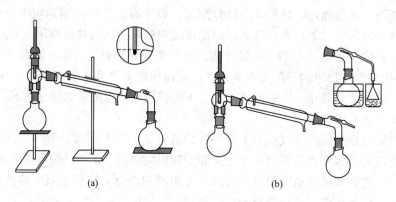

图 2-26　普通蒸馏装置

蒸馏装置安装完毕，还应进行整套装置的气密性试验，以防止馏出物泄漏、毒气泄漏，甚至引起火灾、爆炸等意外事故。

如果需要把反应混合物中挥发性物质蒸出时，可如图 2-27 所示用一根 75°弯管把圆底烧瓶和冷凝管连接起来。此外，在同一实验桌上装置几套蒸馏装置且相互间的距离较近时，每两套装置的相对位置必须或是蒸馏烧瓶对蒸馏烧瓶，或是接收器对接收器；避免使一套装置的蒸馏烧瓶与另一套装置的接收器紧密相邻，这样有着火的危险。拆卸仪器与其安装顺序相反。

(2) 蒸馏操作步骤

① 加料　蒸馏装置装好后，检查装置是否稳妥与气密性。取下温度计套管，把要蒸馏的液体倒入圆底烧瓶里。也可把圆底烧瓶取下来，把液体小心地倒入瓶里。或者沿着面对支管的瓶颈壁小心地加入，投入几粒沸石，但一旦停止沸腾或中途停止蒸馏，则原有

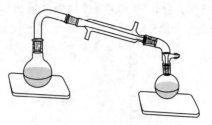

图 2-27　粗蒸馏装置

的沸石即失效，在再次加热蒸馏前，应补加新的沸石。如果事先忘记加入沸石，应该待液体冷却后再补加沸石。

② 加热　打开冷凝水，注意冷水自下而上，缓慢通入冷水，然后开始加热。开始加热时，可以让温度上升稍快些。开始沸腾时，应调节火焰或浴温，使从冷凝管流出液滴的速度约为每秒钟 1~2 滴。此时温度计的读数为馏出液的沸点。在蒸馏过程中，温度计的水银球上应始终附有冷凝的液滴，以保持气液两相的平衡。

蒸馏低沸点易燃液体时（例如乙醚），附近应禁止有明火，绝不能用明火直接加热，也不能用正在明火上加热的水浴加热，而应该用预先热好的浴液。

③ 收集滤液　准备两个接收瓶，一个接收前馏分，当温度计的读数稳定时，换另一个接收所需馏分，并记下该馏分的沸程：即该馏分的第一滴和最后一滴时温度计的读数。在所需馏分蒸出后，温度计读数会突然下降。此时应停止蒸馏。即使杂质很少，也不要蒸干，以免蒸馏瓶破裂及发生其他意外事故。

如果温度变化较大，须多换几个接收器集取。所用的接收器都必须洁净，且事先都须称量过。记录下每个接收器内馏分的温度范围和质量。若要集取的馏分温度范围已有规定，即可按规定集取。馏分的沸点范围越窄，则馏分的纯度越高。当烧瓶中仅残留少量液体时，应停止蒸馏。蒸馏完毕，先停止加热，后停止通水，拆卸仪器。

2.3.6　分馏

对沸点较近的混合组分用普通蒸馏方法较难分离，所以在分离沸点较近的混合组分时，就需使用分馏法来提纯该化合物，它实质上就是多次的蒸馏。当沸腾着的蒸汽经过分馏柱进行分馏时，就是在分馏柱内使混合物进行多次汽化和冷凝。当上升的蒸汽与下降的冷凝液互相接触时，上升的蒸汽部分冷凝放出热量，使下降的冷凝液部分汽化，两者之间发生了热量交换。其结果，上升蒸汽中易挥发组分增加，而下降的冷凝液中高沸点组分增加。如果继续多次，就等于进行了多次的气液平衡，即达到了多次蒸馏的效果。这样，靠近分馏柱顶部易挥发物质组分的比率高，而在烧瓶里高沸点组分的比率高。当分馏柱的效率足够高时，开始从分馏柱顶部出来的几乎是纯净的易挥发组分。而最后在烧瓶里残留的则几乎是纯净的高沸点组分，从而就将沸点不同的物质分离。

(1) 分馏装置

简单的分馏装置如图 2-28 所示，由圆底蒸馏烧瓶、分馏柱、冷凝管、接收器组成。分馏装置的装配原则和蒸馏装置完全相同。除分馏柱以外，其他几种仪器同普通蒸馏装置。

实验室最常用的分馏柱如图 2-29 所示，有球形分馏柱 (a)、韦氏 (Vigreux) 分馏柱 (b) 和填充式分馏柱 (c)。其中实验室常用的韦氏分馏柱是一根每隔一定距离就有一组向下倾斜的刺状物，且各组刺状物间螺旋排列的分馏管。使用该分馏柱的优点是仪器装配简单，

操作方便，残留在分馏柱中的液体量较少。

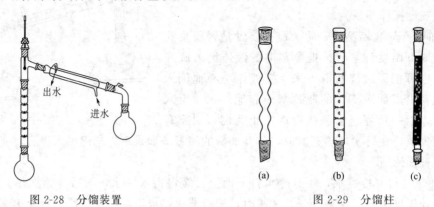

图 2-28　分馏装置　　　　　　　　图 2-29　分馏柱

(2) 分馏操作

把待分馏的液体倒入烧瓶中，其体积以占烧瓶容量的 1/3～1/2 为宜，投入几根上端封闭的毛细管或几粒沸石。安装好分馏装置，经过检查合格后，开始加热。

待液体开始沸腾，蒸气进入分馏柱中时，要注意调节升温速度，使蒸气环缓慢而均匀地沿分馏柱壁上升。若由于室温较低或液体沸点较高，为减少柱内热量的散发，宜将分馏柱用绝热物石棉绳和玻璃布等包缠起来，控制馏出液的速度为每 2～3 秒钟一滴。如果分馏速度太快，馏出物纯度将下降；但也不宜太慢，以致上升的蒸气时断时续，馏出温度有所波动。根据实验规定的要求，分段收集馏分。

2.3.7　水蒸气蒸馏

水蒸气蒸馏是在难溶或不溶于水的有机物中通入水蒸气或与水一起共热，使有机物随水蒸气一起蒸馏出来的方法。水蒸气蒸馏广泛用于在常压蒸馏时达到沸点后易分解物质的提纯和从天然原料中分离出液体和固态产物。但被提纯物质必须具备以下条件：

① 不溶于水或难溶于水；

② 具有一定的挥发性；

③ 在共沸温度下与水不发生反应；

④ 在 100℃ 左右，必须具有一定的蒸气压，至少 666.5～1333Pa（5～10mmHg），并且待分离物质与其他杂质在 100℃ 左右时具有明显的蒸气压差。

水蒸气蒸馏常用于以下几种情况：

① 在常压下蒸馏易发生分解的高沸点有机物。

② 含有较多固体的混合物，而用一般蒸馏、萃取或过滤等方法又难以分离的组分。

③ 混合物中含有大量树脂状的物质或不挥发性杂质，采用蒸馏、萃取等方法也难以分离。

(1) 水蒸气蒸馏原理

当水和不（或难）溶于水的有机物一起存在时，整个体系的蒸气压力根据道尔顿分压定律，应为各组分蒸气压之和。即

$$p_{总} = p_{水} + p_{有机物}$$

如果水的蒸气压和有机物的蒸气压之和等于大气压，混合物就会沸腾，有机物和水就会一起被蒸出。显然，混合物沸腾时的温度要低于其中任一组分的沸点。换句话说，有机物可

以在低于其沸点的温度条件下被蒸出。因此，常压下应用水蒸气蒸馏，能在低于100℃的情况下将高沸点组分与水一起蒸出来。蒸馏时混合物的沸点保持不变，直到其中一组分几乎全部蒸出（因为总的蒸气压与混合物中二者相对量无关）。从理论上讲，馏出液中有机物（$m_{有机物}$）与水（$m_{水}$）的质量之比，应等于两者的分压（$p_{有机物}$和$p_{水}$）与各自摩尔质量（$M_{有机物}$和$M_{水}$）乘积之比：

$$\frac{m_{有机物}}{m_{水}}=\frac{p_{有机物}M_{有机物}}{p_{水}M_{水}}$$

比如对1-辛醇进行水蒸气蒸馏时，1-辛醇与水的混合物在99.4℃沸腾。通过查阅手册得知，纯水在99.4℃时的蒸气压为99.18kPa(744mmHg)。按分压定律，水的蒸气压与1-辛醇的蒸气压之和等于101.31kPa(760mmHg)。因此，1-辛醇在99.4℃时的蒸气压必为2.13kPa(16mmHg)。故有：

$$\frac{m_{有机物}}{m_{水}}=\frac{2.13\times10^3\times130}{99.18\times10^3\times18}=0.16$$

即每蒸出1g水便有0.16g 1-辛醇被蒸出。

由于有机物与水共热沸腾的温度总在100℃以下，因此，水蒸气蒸馏操作特别适用于在高温下易发生变化的有机物的分离。

(2) 水蒸气蒸馏装置

水蒸气蒸馏装置如图2-30所示。包括水蒸气发生器和蒸馏装置两部分组成，水蒸气发生器A中加入约1/2～3/4容积的水。如果太满，沸腾时水将冲至烧瓶。安全玻璃管B几乎插到发生器A的底部。当容器内气压太大时，水可沿着玻璃管上升，以调节内压。如果系统发生阻塞，水便会从管的上口喷出。此时应检查导管是否被阻塞。

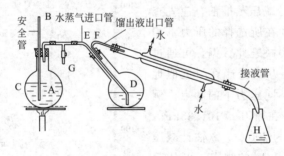

图2-30 普通水蒸气蒸馏装置

为了防止蒸馏烧瓶内液体因跳溅而冲入冷凝管内，故将烧瓶的位置向发生器的方向倾斜45°。瓶内液体不宜超过其容积的1/3。

进行水蒸气蒸馏时，先将溶液（混合液或混有少量水的固体）加于D中，加热水蒸气发生器，当有水蒸气从T形管的支管冲出时再将螺旋夹G夹紧，使水蒸气均匀地进入圆底烧瓶。为了使蒸汽不致在D中冷凝而积聚过多，必要时可在D下置一石棉网，用小火加热。必须控制加热速度，使蒸气能全部在冷凝管中冷凝下来。在蒸馏需要中断或蒸馏完毕后，一定要先打开螺旋夹连通大气，然后方可停止加热，否则D中的液体将会倒吸到A中。在蒸馏过程中，如发现安全管B中的水位迅速上升，则表示系统内压升高，可能发生堵塞。应立即打开螺旋夹，移去热源。待排除了堵塞后再继续进行水蒸气蒸馏。

少量物质的水蒸气蒸馏，可用克氏蒸馏瓶代替圆底烧瓶，如图2-31所示。

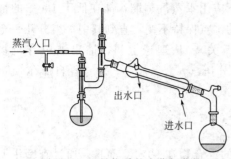

图 2-31　少量物质的水蒸气蒸馏

(3) 水蒸气蒸馏注意事项

① 蒸馏前，仔细检查整套装置的气密性。② 加热前先打开 T 形管的止水夹，待有蒸汽逸出时再旋紧。③ 调节热源，控制蒸馏速度 2~3 滴/秒。④ 时刻注意安全管内的水位，如发现安全管中的水位迅速上升，则表示系统中发生了堵塞。应立即打开 T 形管的止水夹，再移开热源，检查、排除故障后方可继续蒸馏。⑤ 在蒸馏需要中断或蒸馏完毕后，一定要先打开止水夹通大气，然后方可移去热源。否则，圆底烧瓶中的液体会产生倒流现象。

2.3.8　减压蒸馏

减压蒸馏是分离、提纯液体或低熔点固体有机物的一种重要方法，特别适用于在常压蒸馏时未到沸点即已受热分解、氧化或聚合的物质。

(1) 基本原理

液体沸腾时的温度与外界压力有关，且随外界压力的降低而降低。如果用真空泵（水泵或油泵）与蒸馏装置相连接成为一个封闭系统，使液体表面压力降低，就可以在较低的温度下进行蒸馏，即减压蒸馏。减压蒸馏前，预先估计出相应的沸点，对选择合适的温度计和热源等操作具有重要的参考价值。一般的高沸点有机化合物，当压力降低到 2666Pa（20mmHg）时，其沸点要比常压下的沸点低 100~120℃。在进行减压蒸馏前，应先查阅文献，了解该化合物在所选择的压力下相应的沸点。如果文献中缺乏此数据，可通过图 2-32 所示的沸点-压力经验计算图近似地推算出高沸点物质在不同压力下的沸点。例如，已知一个化合物在常压（101.33kPa，760mmHg）下的沸点为 200℃，欲估计减压至 2.63kPa（20mmHg）时的沸点，可从 B 线上找到 200℃ 的点，把这一点与压力线 C 上 20mmHg 的点连成直线，并将其延长至

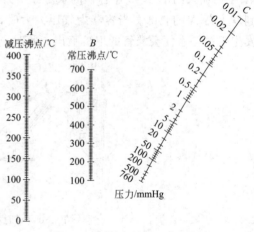

图 2-32　沸点-压力经验计算图

与 A 线相交，交点 90℃ 就是该化合物在压力为 2.63kPa 时的沸点。一般规律是高沸点的有机化合物（沸点为 250~300℃），当压力降至 3.33kPa（25mmHg）时，其沸点随之下降 100~125℃；在 1.33~3.33kPa（10~25mmHg）范围内，压力每降低 0.133kPa（1mmHg），则沸点降低约 1℃。

给定压力下的沸点也可用下列近似公式计算得到：

$$\lg p = A + B/T$$

式中，p 为蒸气压；T 为沸点；A、B 为常数。如以 $\lg p$ 为纵坐标，$1/T$ 为横坐标作图，可近似得到一条直线。因此可以从两组已知的压力和温度算出 A 和 B 的数值，再将所选择的压力代入上式，算出液体的沸点。

(2) 减压蒸馏装置

减压蒸馏系统通常由蒸馏、抽气（减压）、保护及测压三部分组成（图 2-33）。

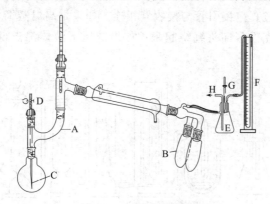

图 2-33 减压蒸馏装置
A—二口连接管；B—接收器；C—毛细管；D—螺旋夹；E—缓冲用的吸滤瓶；F—水银压力计；
G—二通旋塞；H—导管

① 蒸馏部分　由克氏蒸馏烧瓶（可用圆底烧瓶和克氏蒸馏头代替）、冷凝管、真空接引管、接收器组成。

克氏蒸馏头上端的两口：一口插温度计（温度计位置与普通蒸馏相同）；另一口则插入一根毛细管 C。毛细管的下端调整到离烧瓶底 1~2mm 处，其上端连有一段橡皮管并装上螺旋夹 D 夹住。在减压抽气时，通过螺旋夹调节进入烧瓶的空气量，使极少量空气由毛细管进入液体，冒出微小气泡，代替沸石作为液体沸腾的汽化中心，同时又起一定的搅拌作用，可以防止液体暴沸，使沸腾平稳进行。

减压蒸馏装置中的蒸馏瓶和接收瓶均不能使用不耐压的平底（如锥形瓶、平底烧瓶等）和薄壁或有破损的仪器，以防由于装置内处于负压状态，外部压力过大而引起爆炸。蒸馏时，若要收集不同的馏分而又不中断蒸馏，则可用多尾接引管，转动多尾接引管，使不同的馏分流入指定的接收器中。真空接引管上的支口与安全瓶相连。安全瓶的作用不仅是防止压力下降或停泵时油（或水）倒吸流入接收瓶中造成产品污染，而且还可以防止物料进入减压系统。

② 抽气部分　实验室通常用水泵、循环水泵或油泵进行抽气减压。水泵可使系统压力降低到 2.00~3.33kPa（15~25mmHg），为防止水压突然下降造成倒吸而沾污产物，必须在水泵和蒸馏系统之间装上安全瓶，停止使用时，应先打开活塞，使系统与大气相通，再关水泵。油泵的效能取决于油泵机械结构及泵油的好坏（油的蒸气压必须很低）。好的油泵能够抽真空度为 $1.33 \times 10^{-4} \sim 1.33 \times 10^{-2}$ kPa（$10^{-3} \sim 10^{-1}$ mmHg）。但对工作条件要求较为严格，为了不使有机物、水、酸等蒸气侵入泵内影响减压效能及腐蚀油泵机件，必须装上保护装置。要求不高的低真空，一般可用水泵和循环水泵获得。

③ 保护及测压装置部分　为了保护真空泵，进行减压蒸馏时，在馏液接收器和泵之间顺次安装冷却阱、几种吸收塔和缓冲用的安全瓶，其中安全瓶上的两通旋塞 G 供调节系统压力及放气使用，从而使仪器装置内的压力不发生太突然的变化以及防止倒吸现象（图 2-34）。与真空系统连接的橡皮管都应该用硬质橡皮管，以免减压时橡皮管吸瘪而造成系统阻塞，影响效果。

减压蒸馏所选用的热浴最好是水浴或油浴，以使加热均匀平稳，切勿使用石棉网煤气灯直接加热。根据选定压力时馏出液的沸点选用合适的冷凝管（直形冷凝管或空气冷凝管）。如果待蒸馏液的量较少而馏出液的沸点很高，或是蒸馏低熔点固体时，也可不用冷凝管而将克氏蒸馏头支管直接通过真空接引管与接收器相连。如果是高温蒸馏，为减少散热，要用玻璃棉或其他绝热材料将克氏蒸馏头缠绕起来；如果减压下液体沸点低于140～150℃，要用冷水浴冷却接收器。

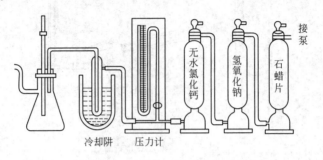

图 2-34　油泵保护装置

（3）减压蒸馏操作

若待蒸馏液中含有低沸点物质，应先进行普通蒸馏，然后用水泵减压蒸馏蒸除低沸点成分后再进行油泵减压蒸馏，以防低沸点物质抽入油泵和蒸馏过程中发生暴沸。

减压蒸馏装置安装完毕，应先检查仪器有无裂缝、破损及装置的气密性，检查气密性的方法是：关闭毛细管，减压至压力稳定以后，捏住连接系统的橡皮管。观察压力计读数有无变化，无变化说明不漏气，有变化即表示漏气。确信装置不漏气后，在烧瓶中加入占其容量1/3～1/2的待蒸液。旋紧毛细管上端的螺旋夹，打开安全瓶上的两通活塞，然后开泵抽气，逐渐关闭两通活塞，从压力计上观察系统所能达到的真空度，如果压力过低，再小心旋转两通活塞，慢慢地引进少量空气，使系统达到所需要的压力。调节螺旋夹使液体中有连续平稳的小气泡产生（如无气泡，可能毛细管阻塞，应予更换）。通冷却水，选用合适的热浴加热蒸馏烧瓶（烧瓶球部至少应2/3浸入浴液中，但切勿使烧瓶底部与浴器底部和内壁接触）。在浴液中插一温度计，逐渐升温，液体沸腾后，调节浴液温度，使馏出速度为每秒0.5～1滴。在整个蒸馏过程中应密切注意瓶颈上的温度计和泵的读数，记录时间、真空度、沸点等数据。

蒸馏结束（或需要中断）时，应先停止加热撤去热浴，稍冷却后，慢慢地打开安全瓶上旋塞G，使仪器装置与大气相通。否则由于系统中压力低，会发生油或水倒吸回安全瓶的可能。然后旋开毛细管上端的螺旋夹，再关泵。最后停止通冷却水，逐一拆除仪器。

2.3.9　旋转蒸发

旋转蒸发仪主要用于在减压条件下连续蒸馏大量易挥发性溶剂，尤其适合对萃取液的浓缩和对色谱分离时接收液的蒸馏，以达到分离和纯化产物的目的，是研发及分析实验中用于浓缩、干燥和回收产物的一款必备基本仪器。旋转蒸发仪的整体结构见图2-35，由电动机带动可旋转的圆底烧瓶、冷凝器和接收瓶等组成。作为蒸馏的热源，常配有相应的恒温水槽。通过真空泵使蒸发烧瓶处于负压状态。蒸发烧瓶在旋转同时置于水浴锅中恒温加热。即在减压情况下，将旋转蒸发瓶（烧瓶）置于水浴中一边旋转、一边加热。由于液体样品和烧瓶间向心力和摩擦力的作用，液体样品可在蒸发瓶内表面形成一层液体薄膜，增大受热面积同样也可以增大蒸发面积，利于瓶内溶液扩散蒸发。不加沸石也不会发生暴沸现象。可一次进料，可分批进料。

旋转蒸发仪使用前须仔细检查仪器、玻璃瓶等是否有破损，各接口是否吻合。注意轻拿轻放，容易脱滑的位置用特制的夹子夹牢。使用时，先通冷凝水，打开减压泵。缓慢关闭连在冷凝管与减压泵之间的安全瓶三通活塞，以调节到体系所要求的真空度。再打开电动机转动蒸馏烧瓶。结束时，先撤除热源，关闭电动机开关，保护好圆底烧瓶，再通大气解除真空（防止蒸馏烧瓶在转动中脱落）。最后关闭冷凝水，回收接收瓶中的溶剂。

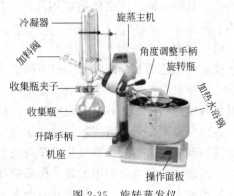

图 2-35 旋转蒸发仪

2.4 色谱法

色谱（Chromatography）法又称层析法或色层分析法，是分离、纯化和鉴定有机化合物的重要方法之一。该法最初是俄国植物学家茨维特于 20 世纪初在研究植物色素分离时发现的一种物理分离方法，借以分离及鉴别结构和物理化学性质相近的一些有机物质。长期以来，经不断改进，已成功地发展为各种类型的色谱分析方法。和经典的分离、提纯方法如蒸馏、重结晶及升华等相比，它具有微量、高效、灵敏、准确等优点，对于产品的分离、提纯、定性和定量分析以及跟踪反应都是一种方便、快速的方法。

色谱的基本原理是利用混合物中各组分在某一物质中的吸附或溶解性能（分配）的不同或其他亲和作用性能的差异，使混合物中的溶液流经该物质时进行反复的吸附或分配等作用将各组分分开。吸附力小或溶解度较小的组分在该物质（固定相）中移动较快，反之，移动较慢，最终在固定相中形成"谱带"。流动的溶液称流动相。流动相可以是液体，也可以是气体。固定相可以是颗粒吸附剂，或涂敷在载体上的液体化合物。根据各组分在固定相中的作用原理不同，色谱分为吸附色谱、分配色谱、离子交换色谱、排阻色谱等。根据操作条件不同，又可分为薄层色谱、纸色谱、柱色谱、气相色谱和高效液相色谱等。在此，对薄层色谱、柱色谱、气相色谱作简单介绍。

2.4.1 薄层色谱

薄层色谱（Thin Layer Chromatography，TLC）又叫薄层层析，是将固定相均匀地铺在玻片（或其他）上制成薄层板，将样品溶液点在起点处，置于层析容器中用合适的溶剂展开而达到分离的目的。薄层色谱所采用的薄层材料（固定相）性质的不同，各组分在固定相中的作用原理不同。如采用硅胶、氧化铝等吸附剂铺成薄层，利用吸附剂对不同组分吸附能力的差别进行分离的为吸附薄层色谱；采用纤维素铺成薄层、利用不同组分在两相中分配系数不同进行分离的为分配薄层色谱；由含交换活性基团的纤维素铺成薄层进行分离的，为离子交换薄层色谱；利用样品中各组分分子体积大小不同，在固定相中受阻情况不同进行分离的，为排阻薄层色谱，也称凝胶薄层。此外，还有利用氢键能力的强弱而分离的聚酰胺薄层色谱等。其中，吸附薄层色谱应用最广。以下对吸附薄层色谱的原理及使用方法进行简要介绍。

(1) 原理

吸附薄层色谱是利用吸附剂对不同组分吸附能力的差别进行分离的。在载有样品的薄层板上，因样品中各组分对吸附剂（固定相）的吸附能力不同，当展开剂（流动相）流经吸附剂时，各组分将经历无数次吸附和解吸过程，吸附力弱的组分随流动相迅速向前移动，吸附力强的组分滞留在后，最终各组分在固定相薄层上得以分离。样品在固定相上的吸附-解吸主要是物理吸附。如硅胶和氧化铝作为固定相，样品中各组分与吸附剂之间的作用力包括静电力、范德华力和氢键作用力等。样品中各组分的化学结构不同，它们在一定展开剂中对吸附剂的亲和力不同，造成其随展开剂上升移动速率不同。

一般是将吸附剂涂敷在一块干净的基板如玻璃板上形成一均匀的薄层，经干燥活化后，在薄层板的一端约1cm处，用管口平整的毛细管吸取少量样品溶液点于薄层板上，形成一小圆点，待溶剂挥发后，将薄层板放入盛有展开剂（流动相）的展开槽中，使点样一端浸入约0.5cm，由于吸附剂的毛细作用，展开剂沿薄层板缓缓上升，样品中各组分因在展开剂中的溶解性和被吸附程度不同，随展开剂的移动而被分开，在不同位置形成一个个小斑点，待展开剂上升到距薄层板上端约1cm处时（为展开剂前沿）将板取出，干燥后若样品无色可用显色剂显色，并记下各斑点中心及展开剂前沿距原点的距离(图2-36)，计算比移值(R_f 值)。

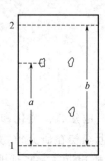

$$R_f = \frac{色斑最高浓度中心至原点中心的距离}{展开剂前沿至原点中心的距离}$$

图 2-36 R_f 计算示意图

1—起点线；2—展开剂前沿；a—色斑最高浓度中心至原点中心的距离；b—展开剂前沿至原点中心的距离

R_f 值在一定条件下是一个化合物的特征值，但操作条件的差异（如薄层板吸附剂的厚度，溶剂等）可改变一个化合物的 R_f 值。所以，在分离、鉴定化合物时最好在同一块板上与标准样品进行对照。

用薄层色谱进行分析，样品用量少（几到几十微克，甚至 $0.01\mu g$），操作简便、快速，是快速分离和定性分析少量物质的一种很重要的实验技术。薄层色谱常用于跟踪反应，确定反应终点；为柱色谱寻找最佳条件；特别使用于挥发性较小或在较高温下易发生变化而不能用气相色谱分析的物质。若在制作薄层板时，把吸附层加厚加大，将样品溶液点成一条线，可以分离500mg左右的样品，用于少量化合物的精制。

(2) 薄层色谱器材的选择

① 基板　如玻璃、塑料、金属箔，常用玻璃板。

② 吸附剂　吸附剂要有合适的吸附力，并且必须与展开剂和被吸附物质均不起化学反应。可用作吸附剂的物质很多，常用的有硅胶和氧化铝，由于吸附性好，适用于各类化合物的分离，应用最广。选择吸附剂时主要根据样品的溶解度、酸碱性及极性。氧化铝一般是微碱性吸附剂，适用于碱性物质及中性物质的分离；而硅胶是微酸性吸附剂，适用于酸性物质及中性物质的分离。以下简单介绍吸附剂的几个基本参数。

a. 种类　常用氧化铝（强极性）、硅胶（中强极性），不常用硅藻土、纤维素、糖类、活性炭。

b. 符号　H——无任何添加剂；G——加有煅石膏（Gypsum，$CaSO_4 \cdot 1/2\ H_2O$）黏合剂；F——加有荧光素（Fluorescein）；CMC——加有羧甲基纤维素钠（Carboxymethyl cellulose）。如硅胶GF_{254}表示硅胶中既加有煅石膏黏合剂，也加有荧光素，可以在波长254nm的紫外线下激发出荧光。

c. 粒度　薄层色谱所用吸附剂颗粒较细，氧化铝为200目，硅胶为100~150目。

d. 活性　吸附剂按其含水量的多少分为五个等级：Ⅰ级含水量最少，活性最高；Ⅴ级含水量最多，活性最低。但并不是活性越高分离效果越好，选用哪种活性级别的吸附剂，要用实验的方法来确定。

e. 酸碱性　市售氧化铝有酸性（用以分离酸性化合物）、中性、碱性（用以分离生物碱等碱性化合物），其蒸馏水洗出液的pH值分别为4、7.5、9~10；其中以中性氧化铝应用最广，可用来分离各种化合物，特别是那些对酸、碱敏感的化合物。硅胶没有酸碱性之分。

③ 展开剂　在样品组分-吸附剂-展开剂三个因素中，对某一特定组分，样品的结构和性质可看作是不变因素，吸附剂和展开剂是可变因素。由于吸附剂种类有限，选择合适的展开剂就成为解决问题的关键。展开剂的选择有以下要求。

a. 对待测组分有很好的溶解度。

b. 能使待测组分与杂质分开，与基线分离。

c. 使展开后的组分斑点圆而集中，不应有拖尾现象。

d. 使待测组分的R_f值最好在0.4~0.5；如样品中待测组分较多，R_f值则可在0.25~0.75范围内，组分间的R_f值最好相差0.1左右。由于薄层色谱法用途非常广泛，国内外均有现成的铺有吸附剂的薄层板出售。一般实验室中也可自制。

e. 不与组分发生化学反应，或在某些吸附剂存在下发生聚合。

f. 具有适中的沸点和较低的黏滞度。

展开剂的极性是指与样品组分相互作用时，展开剂分子与吸附剂分子的色散作用、偶极作用、氢键作用及介电作用的总和。展开剂要根据样品的极性及溶解度，吸附剂活性等因素进行选择，总的原则是展开剂的极性能使组分的R_f值在0.5左右。常用溶剂极性次序是：

石油醚＜环己烷＜苯＜乙醚＜氯仿＜乙酸丁酯＜正丁醇＜丙酮＜乙醇＜甲醇

如一种溶剂不能充分展开，可选用二元或多元溶剂系统。

④ 展开槽与展开　薄层的展开在密闭的容器即展开槽或称为层析缸中进行。

展开：合适的展开剂用量为浸及下端硅胶，但不浸及样点；点样端向下，每次只展开一块，放在正中，以免爬斜（进而展开倾斜）。

⑤ 显色　如果化合物本身有颜色，就可直接观察它的斑点。如果本身无色，可先在紫外灯光下观察有无荧光斑点（有苯环的物质都有），用铅笔在薄层板上划出斑点的位置；对于在紫外灯光下不显色的，可放在含少量碘蒸气的容器中显色来检查色点（因为许多化合物都能和碘成黄棕色斑点），显色后，立即用铅笔标出斑点的位置。常用普适性显色剂有浓硫酸、碘蒸气、荧光素；专用显色剂有茚三酮、三氯化铁溶液等。

(3) 薄层色谱法操作要点

薄层色谱法的整个过程包括以下步骤。

① 薄层板的制备　将硅胶加1% CMC(硅胶：CMC＝1:3~4)，调成浆状（在平铺玻璃板上能晃动但不能流动）后涂在载玻片上（100mm×25mm），为使其平坦，可将载玻片

用手端平晃动，至平坦为止，放在干净平坦的台面上，晾干之后放入105℃烘箱活化1h，取出放入干燥器内待用。

② 点样　将样品溶于低沸点的溶剂（乙醚、丙酮、乙醇、四氢呋喃等）配成1%溶液，用内径<1mm的毛细管为点样管。点样前，可先用铅笔在小板上距一端5mm处轻轻划一横线，作为起始线，然后用毛细管吸取样品在起始线上小心点样，如需重复点样，则应待前次点样的溶剂挥发后方可重点。若在同一块板上点几个样，样品点间距离为5mm以上。

③ 展开　先将选择的展开剂放入层析缸中（小板可用广口瓶代），使层析缸内空气饱和5~10min，再将点好试样的薄层板放入其中进行展开，点样的位置必须在展开剂液面之上，当展开剂上升到薄层板的前沿（离前端5~10mm）或多组分已明显分开时，取出板并用铅笔划出溶剂前沿的位置，放平晾干，即可显色。

④ 显色　如果化合物本身有颜色，可直接观察它的斑点。如果本身无色，可先在紫外灯光下观察有无荧光斑点（有苯环的物质都有），用铅笔在薄层板上划出斑点的位置；对于在紫外灯光下不显色的，可放在含少量碘蒸气的容器中显色来检查色点（许多化合物都能和碘成黄棕色斑点），显色后，立即用铅笔标出斑点的位置。

⑤ 注意事项

a. 基板要求平滑清洁，没有划痕。

b. 铺板用的匀浆不宜过稠或过稀，过稠，板容易出现拖动或停顿造成层纹；过稀，水蒸发后，板表面较粗糙。

c. 涂层薄厚匀称：涂层薄，点样易过载；涂层厚，显色不明显。

d. 铺好的板，表面要光滑平整，没有气孔；自然晾干后，再活化。

2.4.2　柱色谱

柱色谱（Column Chromatography）是在一根玻璃管或金属管中实施分离过程的色谱技术，将吸附剂填充到管中而使之成为柱状，这样的管状柱称为吸附色谱柱。使用吸附色谱柱分离混合物的方法，称为吸附柱色谱。柱色谱可以用来分离大多数有机化合物，尤其适合于复杂天然产物的分离，分离容量从几毫克到百毫克级，适用于分离和精制较大量的样品。

(1) 原理

在吸附柱色谱中，吸附剂是固定相，洗脱剂是流动相，相当于薄层色谱中的展开剂。吸附剂的基本原理与吸附薄层色谱相同，也是基于各组分与吸附剂间存在的吸附强弱差异，通过使之在柱色谱上反复进行吸附、解吸、再吸附、再解吸的过程而完成的。所不同的是，在进行柱色谱的过程中，混合样品一般是加在色谱柱的顶端，流动相从色谱柱顶端流经色谱柱，并不断地从柱中流出。由于混合样中的各组分与吸附剂的吸附作用强弱不同，因此各组分随流动相在柱中的移动速度也不同，最终导致各组分按顺序从色谱柱中流出。如果分步接收流出的洗脱液，便可达到混合物分离的目的。一般与吸附剂作用较弱的成分先流出，与吸附作用较强的成分后流出。

(2) 吸附剂

吸附剂和洗脱剂的选择是关系到待分离组分分离效果的关键因素。

① 吸附剂基本要求

a. 对样品组分和洗脱剂都不会发生任何化学反应，在洗脱剂中也不会溶解。

b. 对待分离组分能够进行可逆吸附，同时具有足够的吸附力，使组分在固定相与流动相之间快速达到平衡。

c. 颗粒形状均匀，大小适当，以保证洗脱剂能够以一定的流速（一般为 1.5mL·min^{-1}）通过色谱柱。

d. 材料易得，价格便宜且无色，便于观察。

② 吸附剂种类及其适用范围　可用于吸附剂的物质有氧化铝、硅胶、聚酰胺、硅酸镁、滑石粉、氧化钙（镁）、淀粉、纤维素、蔗糖和活性炭等，其中有些吸附剂对某几类物质分离效果较好，而对其他大多数化合物不适用。常见几种吸附剂及其适用范围如下。

a. 氧化铝　市售层析用氧化铝有碱性、中性和酸性三种类型，粒度多为100～150目。

碱性氧化铝（pH 9～10）适用于碱性物质（如胺、生物碱）和对酸敏感的样品（如缩醛、糖苷等），也适用于烃类、甾体化合物等中性物质的分离。但这种吸附剂能引起被吸附的醛、酮的缩合、酯和内酯的水解、醇羟基的脱水、乙酰糖的去乙酰化、维生素 A 和维生素 K 等的破坏等副反应。

酸性氧化铝（pH 3.5～4.5）适用于酸性物质如有机酸、氨基酸等的分离。

中性氧化铝（pH 7～7.5）适用于醛、酮、醌、苷和硝基化合物以及在碱性介质中不稳定的物质如酯、内酯等的分离，也可以用来分离弱的有机酸和碱等。

b. 硅胶　硅胶是硅酸的部分脱水后的产物，其成分是 $SiO_2 \cdot xH_2O$，又叫缩水硅酸。柱色谱用硅胶一般不含黏合剂。

c. 聚酰胺　聚酰胺是聚己内酰胺的简称，商业上叫做锦纶、尼龙-6 或卡普纶。色谱用聚酰胺是一种白色多孔性非晶形粉末，它是用锦纶丝溶于浓盐酸中制成的。不溶于水和一般有机溶剂，易溶于浓无机酸、酚、甲酸及热的乙酸、甲酰胺和二甲基甲酰胺中。聚酰胺分子表面的酰氨基和末端氨基可以和酚类、酸类、醌类、硝基化合物等形成强度不等的氢键，因此可以分离上述化合物，也可以分离含羟基、氨基、亚氨基的化合物及腈和醛等类化合物。

d. 硅酸镁　中性硅酸镁的吸附特性介于氧化铝和硅胶之间，主要用于分离甾体化合物和某些糖类衍生物。为了得到中性硅酸镁，用前先用稀盐酸，然后用醋酸洗涤，最后用甲醇和蒸馏水彻底洗涤至中性。

③ 吸附剂的活度及其调节　吸附剂的吸附能力常称为活度或活性。吸附剂的活性取决于它们含水量的多少，活性最强的吸附剂含有最少的水。吸附剂的活性一般分为五级，分别用Ⅰ、Ⅱ、Ⅲ、Ⅳ和Ⅴ表示。数字越大，表示活性越小，一般常用Ⅱ和Ⅲ。向吸附剂中添加一定的水，可以降低其活性；反之，如果用加热处理的方法除去吸附剂中的部分水，则可以增加其活性，后者称为吸附剂的活化。各种不同活度吸附剂的含水量见表2-5。

表 2-5　各种不同活度的吸附剂的含水量

活度	含水量/%			活度	含水量/%		
	氧化铝	硅胶	硅酸镁		氧化铝	硅胶	硅酸镁
Ⅰ	0	0	0	Ⅳ	10	25	25
Ⅱ	3	5	7	Ⅴ	15	35	35
Ⅲ	6	15	15				

(3) 吸附剂和洗脱剂的选择

样品在色谱柱中的移动速度和分离效果取决于吸附剂对样品各组分的吸附能力大小和洗脱剂对各组分的解吸能力大小，因此，吸附剂的选择和洗脱剂的选择常常是结合起来进行的。首先，根据待分离物质的分子结构和性质，结合各吸附剂的特性，初步选择一种吸附剂；然后根据吸附剂和待分离物质之间的吸附力大小，采用薄层色谱法，选择适宜的洗脱剂种类及比例。根据以上试验结果，决定是否需要调节吸附剂的活性，或更换吸附剂的种类，或是改变洗脱剂的极性。

物质与吸附剂之间的吸附能力大小既与吸附剂的活性有关，又与物质的分子极性有关。分子极性越强，吸附能力越大，分子中所含极性基团越多，极性基团越大，其吸附能力也就越强。具有下列极性基团的化合物，其吸附能力按下列次序递增。

$-Cl, -Br, -I < -C \equiv C- < -OCH_3 < -CO_2R < -CO- < -CHO < -SH <$
$-NH_2 < -OH < -COOH$

色谱的展开首先使用非极性溶剂，用来洗脱出极性较小的组分，然后用极性稍大的溶剂将极性较大的化合物洗脱下来。通常使用混合溶剂，即在非极性溶剂中加入不同比例的极性溶剂，这样使极性适当增加，防止柱上"谱带"很快洗脱下来。常用溶剂和混合溶剂的洗脱能力按递增次序排列如下：

正己烷和石油醚＜环己烷＜四氯化碳＜三氯乙烯＜二硫化碳＜甲苯＜苯＜二氯甲烷＜氯仿＜环己烷-乙酸乙酯（80∶20）＜二氯甲烷-乙醚（80∶20）＜二氯甲烷-乙醚（60∶40）＜环己烷-乙酸乙酯（20∶80）＜乙醚＜乙醚-甲醇（99∶1）＜乙酸乙酯＜四氢呋喃＜丙酮＜正丙醇＜乙醇＜甲醇＜水＜吡啶＜乙酸＜甲酸

(4) 柱色谱操作要点

① 装柱 色谱柱的大小规格由待分离样品的量和吸附难易程度来决定。一般柱管的直径为 0.5~1.0cm，长度为直径的 10~40 倍。填充吸附剂的量约为样品质量的 20~50 倍，柱体高度应占柱管高度的 3/4，柱子过于细长或过于粗短都不好。

装柱前，柱子应干净、干燥，并垂直固定在铁架台上，将少量洗脱剂注入柱内，取一小团玻璃毛或脱脂棉用溶剂润湿后塞入管中，用一长玻璃棒轻轻送到底部，适当捣压，赶出棉团中的气泡，但不能压得太紧，以免阻碍溶剂畅流（如管子带有筛板，则可省略该步操作）。再在上面加入一层约 0.5cm 厚的洁净细沙，从对称方向轻轻叩击柱管，使沙面平整。

常用的装柱方法有干装法和湿装法两种。

a. 干装法 在柱内装入 2/3 溶剂，在管口上放一漏斗，打开活塞，让溶剂慢慢地滴入锥形瓶中，接着把干吸附剂经漏斗以细流状倾泻到管柱内，同时用套在玻璃棒（或铅笔等）上的橡皮塞轻轻敲击管柱，使吸附剂均匀地向下沉降到底部。填充完毕后，用滴管吸取少量溶剂把黏附在管壁上的吸附剂颗粒冲入柱内，继续敲击管子直到柱体不再下沉为止。柱面上再加盖一薄层洁净细沙，把柱面上液层高度降至 0.1~1cm，再把收集的溶剂反复循环通过柱体几次，便可得到沉降得较紧密的柱体。

b. 湿装法 基本方法与干装法类似，所不同的是，装柱前吸附剂需要预先用溶剂调成淤浆状。在倒入淤浆时，应尽可能连续均匀地一次完成。如果柱子较大，应事先将吸附剂泡在一定量的溶剂中，并充分搅拌后（排除气泡）后再装。

无论是干装法，还是湿装法，装好的色谱柱应是充填均匀，松紧适宜一致，没有气泡和裂缝。否则会造成洗脱剂流动不规则而形成"沟流"，引起色谱带变形，影响分离效果。

② 加样 将干燥待分离固体样品称重后，溶解于极性尽可能小的溶剂中使之成为浓溶液。将柱内液面降到与柱面相齐时，关闭柱子。用滴管小心沿色谱柱管壁均匀地加到柱顶上。加完后，用少量溶剂把容器和滴管冲洗净并全部加到柱内，再用溶剂把黏附在管壁上的样品溶液淋洗下去。慢慢打开活塞，调整液面和柱面相平为止，关好活塞。如果样品是液

体，可直接加样。

③ 洗脱与检测　将选好的洗脱剂沿柱管内壁缓慢地加入柱内（见图 2-37），直到充满为止（任何时候都不要冲起柱面覆盖物）。打开活塞，让洗脱剂慢慢流经柱体，洗脱开始。在洗脱过程中，注意随时添加洗脱剂，以保持液面的高度恒定，特别应注意不可使柱面暴露于空气中。在进行大柱洗脱时，可在柱顶上架一个装有洗脱剂的带盖塞的分液漏斗，让漏斗颈口浸入柱内液面下，这样便可自动加液。

如果采用梯度溶剂分段洗脱，应从极性最小的洗脱剂开始，依次增加极性，并记录每种溶剂的体积和柱子内滞留的溶剂体积，直到最后一个成分流出为止。

洗脱的速度也是影响柱色谱分离效果的一个重要因素。大柱一般调节在每小时流出的体积等于柱内吸附剂的质量(g)。中小型柱一般以 1～5 滴/s 的速度为宜。

洗脱液的收集，有色物质，按色带分段收集，两色带之间要另收集，可能两组分有重叠。对无色物质的接收，一般

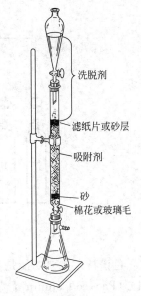

图 2-37　柱色谱的洗脱装置

采用分等份连续收集，每份流出液的体积（mL）等于吸附剂的质量（g）。若洗脱剂的极性较强，或者各成分结构很相似时，每份收集量就要少一些，具体数额的确定，要通过薄层色谱检测，视分离情况而定。现在，多数用分步接收器自动控制接收。

洗脱完毕，用薄层色谱法对各收集液进行鉴定，把含相同组分的收集液合并，除去溶剂，便可得到各组分的较纯样品。

2.4.3　气相色谱

气相色谱（Gas Chromatography，GC）是一种以气体作为流动相的色谱法。气相色谱法可以分析气体和易挥发或可转化为易挥发的液体和固体物质，实现多组分混合物的分离和定性、定量分析，具有高选择性、高效能、低检测限、分析速度快及应用范围广等特点，是现代有机化学实验中必备的仪器之一。

(1) 原理

气相色谱是利用试样中各组分在色谱柱中的气相和固定相中的分配系数不同进行分离的方法。当样品进入进样口时，瞬间汽化被载气带入色谱柱中，组分在两相中连续多次反复分配，由于固定相对各组分的吸附和解吸附能力不同，经过一定长度的色谱柱后，彼此分离，由载气洗脱出色谱柱，进入检测器。检测器把不同时间出来的组分转变为离子流信号，经放大由记录仪输出电信号强度（峰高或峰面积）与时间（保留时间）的关系图，即色谱图。

(2) 气相色谱仪简介

气相色谱仪主要包括气路系统、进样系统、色谱柱和检测器系统、记录系统等部分，如图 2-38 所示。

① 气路系统　让载气（不与被测物作用，用来载送试样的惰性气体 H_2，N_2）、燃气、助燃气以一定量稳定地流经仪器内部。

② 进样系统　使待测气体定量注入色谱柱，或将液体试样经气化室加热转变为气体定量地注入色谱柱。包括进样器和气化室。

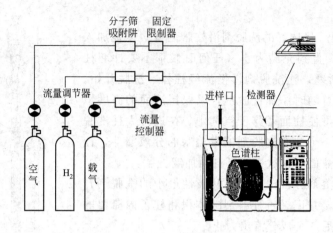

图 2-38 气相色谱仪

③ 色谱柱　主要功能是对混合组分进行分离。色谱柱有两种形式，内装固定相的称为填充柱（Packed Column），常用金属（铜或不锈钢）或玻璃制成，内径 2～4mm、长 0.5～10m 的 U 形或螺旋形管子。将固定液（高沸点有机物）均匀地涂布在毛细管内壁，称为毛细管柱（Capillary Column）。

④ 检测器系统　包括检测器、电源和控温装置。其功能是把组分浓度的变化转换成易测量的电信号，指示和测量自色谱柱中分离出各组分的浓度及其变化的情况。检测器的种类比较多，根据检测原理的不同，检测器可分为浓度型检测器和质量型检测器两种。

a. 浓度型检测器　测量载气中某组分浓度瞬间的变化，即检测器的响应值和组分的浓度成正比。常用检测器中属于浓度型检测器的有热导池检测器（TCD）和电子捕获检测器（ECD）。TCD 是利用组分的热导率与载气的不同来检测组分的。当试样通过一灼热的钨丝时，其散热情况发生了变化，记录下这一变化便可测知某一组分的存在。热导池检测器结构简单，灵敏度适宜，稳定性较好，对所有物质有响应，是应用最广、最成熟的一种检测器。

b. 质量型检测器　测量的是载气中某组分进入检测器的速度变化，即检测器的响应值和单位时间内进入检测器某组分的质量成正比。属于质量型检测器的有氢火焰离子化检测器（FID）和火焰光度检测器（FPD）。FID 主要是一个离子室，当样品进入离子室时，在燃烧着的氢焰高温作用下电离，利用微电流放大器测定由此而产生的离子流强度，并在记录仪上加以记录。氢焰检测器的灵敏度较高。操作中需 N_2、H_2、空气等三种气体，较热导池困难。样品通过氢焰检测器后被破坏。氢火焰检测器灵敏度比热导池检测器高几个数量级，适用于痕量有机物的分析。但对 CO、CO_2、SO_2、N_2、NH_3 等不能电离的无机化合物不能检测。

⑤ 记录系统　把检测器输出的电信号转换成色谱图或进行数据的计算机处理。包括放大器、记录仪、数据处理装置等。

(3) 色谱流出曲线及有关术语说明

试样经色谱柱分离后，各组分依次进入检测器，后者将各组分的浓度（或质量）的变化转化为电压（或电流）信号，记录仪描绘出所得电信号强度随时间变化的曲线，即为色谱流出曲线（或色谱图）。在一定进样量范围内，色谱流出曲线呈正态分布。它是色谱定性、定量和评价色谱分离情况的基本依据。图 2-39 为单组分的色谱流出曲线，其有关术语说明如下。

① 基线　当单纯载气通过检测器时，响应信号的记录即为基线。实验条件稳定时，基线应呈平直。

② 保留值　表示试样组分在色谱柱内停留的情况，通常用保留时间或相应的载气保留体积表示。此处不介绍保留体积的概念，感兴趣的同学可通过相关参考书获得有关知识。

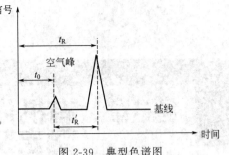

图 2-39　典型色谱图

a. 保留时间 t_R　指组分从进样到色谱峰出现最大值时，所需的时间。

b. 死时间 t_0　指不与固定相作用的气体（如空气、甲烷）的保留时间 t_0，实际上是流动相流经色谱柱所需的时间。

c. 校正保留时间 t'_R　指扣除了死时间的保留时间，即：

$$t'_R = t_R - t_0$$

上述 t_R、t_0、t'_R 一般可用时间单位（如 min）表示。

③ 峰高　峰顶到基线的距离。

④ 区域宽度　即色谱峰宽度。

⑤ 色谱流出曲线的意义　由色谱峰数表明样品中所含组分的最少数量；由色谱峰的保留值可对组分进行定性，用峰高或峰面积进行定量；由色谱峰的位置和区域宽度评价色谱系统；由两色谱峰之间的距离和分离度，评价色谱条件的合适性。

(4) 气相色谱的定性定量分析

在相同条件下，同一化合物在气相色谱上应有相同的保留时间，这是利用气相色谱进行定性分析的基础。文献中报道过各类化合物保留时间的大量数据可供定性分析时参考。

用气相色谱进行定性分析的难处在于不同的化合物可能有相同的保留时间，因此保留时间不能成为判断一化合物的唯一依据。然而在有机化学实验中经常碰到的问题是判断反应产物。不管反应如何复杂，我们对这一反应的可能性多少有一点了解。只要将反应混合物的色谱图与原料及有关的标准化合物谱图加以对照，即可对反应结果有几分认识。如果反应结果比较复杂或难于找到已知标准化合物时，可以将样品进行色谱（GC)-质谱（MS）或色谱-红外（IR）分析。GC-MS 以及 GC-IR 为我们提供了一种不需分离即可测定混合物样品各组分的质谱和红外光谱的简便方法。

第3章 有机化合物物理常数的测定及波谱分析

3.1 熔点及其测定

熔点是固体有机化合物固液两态在大气压力下达成平衡时的温度。温度不到化合物熔点时以固相存在,加热使温度上升,达到熔点,开始有少量液体出现,此后固液相平衡。继续加热,温度不再变化,此时加热所提供的热量使固相不断转变为液相,两相间仍为平衡,最后固体熔化后,继续加热则温度线性上升(图3-1)。因此在接近熔点时,加热速度一定要慢,每分钟温度升高不能超过1℃,只有这样,才能使整个熔化过程尽可能接近于两相平衡条件,测得的熔点也越精确。

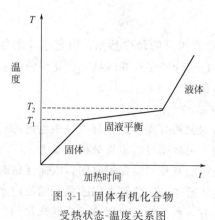

图 3-1 固体有机化合物受热状态-温度关系图

有机化合物的熔点通常用毛细管法来测定。纯净的固体有机化合物一般都有固定的熔点,固液两态之间的变化是非常敏锐的,自初熔至全熔(称为熔程)温度不超过0.5~1℃。如有其他物质混入,则对其熔点有显著的影响,不但使熔化温度的范围增大,而且往往使熔点降低。因此,熔点的测定常常可以用来识别物质和定性地检验物质的纯度。

(1)试样及熔点管的准备

在测定熔点以前,要把试样研成细末,并放在干燥器或烘箱中充分干燥。熔点管的拉制方法见图 2-9。

(2)样品的装入

在洁净且干燥的表面皿上把干燥的粉末状试样堆成小堆,将熔点管的开口端向试样堆插入几次,这样开口端就装取了少量粉末。然后把熔点管竖立起来,在桌面上顿几下。熔点管的下落方向必须和桌面垂直,否则熔点管极易折断,使试样掉入管底。这样重复取试样几次。最后使熔点管开口朝上从一根长约 40~50cm 高的玻璃管中垂直掉到桌面上,重复几次,使试样紧聚在管底。试样必须装得均匀和结实。试样的高度约为 2~3mm。熔点管外的样品粉末要擦干净以免污染热浴液体。

热浴所用的导热液,通常有浓硫酸、甘油、液体石蜡等。选用哪一种,则视所需的温度而定。如果温度在140℃以下,最好用液体石蜡或甘油。药用液体石蜡可加热到220℃仍不变色。在需要加热到140℃以上时,也可用浓硫酸,但热的浓硫酸具有极强的腐蚀性,如果加热不当,浓硫酸溅出时易伤人。因此,测定熔点时一定要戴护目镜。

(3) 测熔点

按图3-2搭好装置,放入导热液——液体石蜡,剪取一小段橡皮圈套在温度计和熔点管的上部见图3-2。使装试样的部分正靠在温度计水银球的中部。将温度计小心地插入导热浴中,用一个开口软木塞固定在b型管中,要使水银球处于提勒管两支管口中间且刻度应面向木塞开口,以小火在图3-2所示部位加热,受热的溶液沿管上升运动,从而促成整个b型管内溶液呈对流循环,使得温度较均匀。

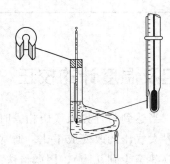

图 3-2 提勒管法测定熔、沸点装置

为了准确测定熔点,加热时,特别是在加热到接近试样的熔点时,必须使温度上升的速度缓慢而均匀。对于每一种试样,至少要测定两次。第一次升温可较快,每分钟可上升5℃左右。这样可得到一个近似的熔点。然后把热浴冷却至低于熔点30℃以下,换一根装试样的熔点管(每一根装试样的熔点管只能用一次)做第二次测定。

进行第二次熔点测定时,开始时升温可稍快,每分钟可上升5℃左右,待温度到达比近似熔点低约10℃时,再调小火焰,使温度缓慢而均匀地上升,每分钟上升1℃,注意观察熔点管中样品的状态发生的显著变化,可形成三个明显的阶段。第一阶段,原为堆实的样品出现软化,塌陷,似有松散、塌落之势,但此时,还没有液滴出现,还不能认为是初熔温度,尚须耐心、缓缓升温。第二阶段,在样品管的某个部位,开始出现第一个液滴,其他部位仍旧是软化的固体。即已出现明显的局部液化现象,此时的温度即为观察的初熔温度。继续保持每分钟1℃的升温速度,液化区逐渐扩大。密切注视最后一小粒固体消失在液化区内,此时的温度为完全熔化时的温度,即为观察的终熔温度。

记录下熔点管中刚有小滴液体出现和试样恰好完全熔融这两个温度读数。物质越纯,这两个温度的差距就越小。如果升温太快,测得的熔点范围不正确的程度就加大。

记录熔点时,要记录开始熔融和完全熔融时的温度,如123~125℃,绝不可仅记录这两个温度的平均值,例如124℃。

(4) 清洁

实验结束后,实验结果经指导教师认可后,可拆卸实验仪器。温度计从热浴中取出后,不要马上用自来水冲洗,否则会使温度计水银球玻璃破裂,应当用干布或纸将温度计上的热油擦去,待温度恢复室温后再进行清洗。熔点测定管内的油是否要倒回指定的回收瓶,应由实验指导教师决定,也可留着给后面的实验者继续使用。若需回收浴油,熔点测定管不能用自来水冲洗,因为水混入油中,一旦升温至100℃附近时,油浴会溅出热油,可能引发事故。所以将熔点测定管内油倒出后，不要轻易用水冲洗。仍应夹在铁架台上，由实验室进行统一处理。

熔点和沸点都是化合物的重要物理常数，有一定实际意义（见表3-1）。

表 3-1　有机化合物的相关物理常数

名称	分子量	性状	折射率	相对密度	熔点/℃	沸点/℃	溶解度:g/100mL 溶剂		
							水	醇	醚
二苯胺	169.22				53～54				
乙酰苯胺	135.16				114.3				
苯甲酸	122.12				122.4				
水杨酸	138.12				159				

3.2　沸点及其测定及温度计的校正

化合物受热时其蒸气压升高，当达到与外界大气压相等时，液体开始沸腾，此时液体的温度即是沸点，物质的沸点与外界大气压的改变成正比。通常用蒸馏或分馏方法来测定液体的沸点。但是，若仅有少量试样（甚至少到几滴），用微量法测定可以得到较满意的结果。

（1）微量法测定有机物沸点的测定步骤

① 样品的装入　装试样时，把外管略微温热，迅速地把开口一端插入试样中。这样，就有少量液体吸入管内。将管直立，使液体流到管底，填料高度应为6～8mm。也可用细吸管把试样装入外管；然后把内管倒插入外管里，即内管的开口端浸入液体中。将外管用橡皮圈或细铜丝固定在温度计上。像熔点测定时一样，把沸点管和温度计放入熔点测定装置内。

② 测沸点　将热浴慢慢地加热，使温度均匀地上升。当温度达到比沸点稍高的时候，可以看到从内管中有一连串的小气泡不断地逸出。停止加热，让热浴慢慢冷却。当液体开始不冒气泡和气泡将要缩入内管时的温度即为毛细管内液体蒸气压与大气压平衡时的温度，亦就是该液体的沸点，记录下这一温度。

（2）温度计的校正

测定熔点、沸点时，须用校正过的温度计。温度计上的熔点读数与真实熔点之间常有一定的偏差。这可能是由于温度计的误差所引起的。首先，可能温度计的制作质量差，如毛细孔径不均匀，刻度不准确。其次，温度计有全浸式和半浸式两种，全浸式温度计的刻度是在温度计汞线全部均匀受热的情况下刻出来的，而测熔点时仅有部分汞线受热，因而露出的汞线温度较全部受热者低。为了校正温度计，可选用纯有机化合物的熔点作为标准或选用一标准温度计校正。标准样品的熔点如表3-2所示，温度计校正时可以选用。

校正时只要选择数种已知熔点的纯粹化合物作为标准，测定它们的熔点，以观察到的熔点作横坐标，与已知熔点的差值作纵坐标，画成曲线。在任一温度时的读数即可直接从曲线上读出。

零摄氏度的测定最好用蒸馏水和纯冰的混合物，在一个15cm×2.5cm的试管中放置蒸馏水20mL，将试管浸在冰盐浴中冷至蒸馏水部分结冰，用玻璃棒搅动使成冰-水混合物，将试管自冰盐浴中移出，然后将温度计插入冰-水中，轻轻搅动混合物，温度恒定后（2～3min）读数。

表 3-2　几种标准样品的熔点

样 品	熔点/℃	样 品	熔点/℃
水-冰	0	尿素	132
α-萘胺	50	3,5-二硝基苯甲酸	204～205
二苯胺	53	二苯乙二酮	95
对二氯苯	53	α-萘酚	96
苯甲酸苯酯	70	二苯基羟基乙酸	150
萘	80	水杨酸	159
间二硝基苯	90	蒽	216
乙酰苯胺	114	酚酞	215
苯甲酸	122	蒽醌	286

3.3　折射率及其测定

(1) 折射率

折射率（又称折光率）和沸点、密度一样是有机化合物的重要物理常数。将实测的折射率与已知的纯化合物的折射率比较，既能说明化合物的纯度，也可用于鉴定。同时根据折射率和混合物摩尔组成间的线性关系，还可用来测定含有已知成分混合物的百分组成。

当光线从一种介质 m 射入另一介质 M 时（见图 3-3），光的速度发生变化，光的传播方向（除非光线与两介质的界面垂直）也会改变，这种现象称为光的折射现象。光线方向的改变是用入射角 θ_i 和折射角 θ_r 来量度的。

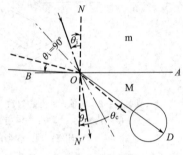

图 3-3　光的折射

根据光折射定律，波长一定的单色光在温度、压力不变条件下，两种介质的折射率 N（介质 m）和 n（介质 M）之比与入射角正弦和折射角正弦成反比，即

$$\frac{n}{N}=\frac{\sin\theta_i}{\sin\theta_r}$$

若 m 是真空，则 $N=1$，$n=\dfrac{\sin\theta_i}{\sin\theta_r}$。

在测定折射率时，一般都是光从空气射入液体介质中，而 $n_{空气}=1.00027$。因此，我们通常用在空气中测得的折射率作为该介质的折射率。

但是在精密的工作中，对两者应加以区别。折射率与入射光波长及测定时介质的温度有关，故表示为 n_λ^t。例如 n_D^{20} 即表示以钠光的 D 线（波长 589.3nm）在 20℃ 时测定的折射率。对于一个化合物，当 λ、t 都固定时，它的折射率是一个常数。

由于光在空气中的速度接近于真空中的速度，而光在任何介质中的速度均小于光速，所以所有的介质的折射率都大于 1。从前面的式子可看出 $\theta_i>\theta_r$。

(2) 阿贝（Abbe）折光仪

① 设计原理　在有机化学实验室里，一般都用阿贝（Abbe）折光仪来测定折射率。它是根据临界角折射现象设计的。如图 3-3 所示，当入射角 $\theta_i=90°$ 时，这时的折射角最大，

称为临界角 θ_c。

如果 θ_i 从 $0°\sim 90°$ 都有入射的单色光,那么折射角 θ_r 从 $0°$ 到临界角 θ_c 也都有折射光,即角 $N'OD$ 区是亮的,而 DOA 区是暗的;OD 是明暗两区的分界线。从这分界线的位置可以测出临界角 θ_c。若 $\theta_i=90°$,$\theta_r=\theta_c$,

$$n = \frac{\sin 90°}{\sin \theta_c} = \frac{1}{\sin \theta_c}$$

只要测出临界角,即可求得介质的折射率。

在折光仪上所刻的读数不是临界角度数,而是已计算好的折射率,故可直接读出。由于仪器上有消色散棱镜装置,所以可直接使用白光作光源,其测得的数值与钠光的 D 线所测得结果等同。图 3-4 是典型的阿贝折光仪的结构示意图。

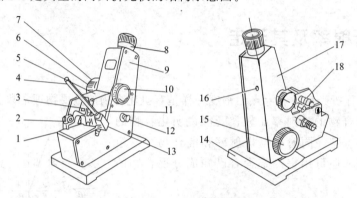

图 3-4 阿贝折光仪的结构示意图

1—反射镜;2—转轴;3—遮光板;4—温度计;5—进光棱镜座;6—色散调节手轮;7—色散值刻度圈;8—目镜;9—盖板;10—手轮;11—折射标棱镜座;12—照明刻度盘聚光镜;13—温度计座;14—仪器的支承座;15—折射率刻度调节手轮;16—小孔;17—壳体;18—恒温器接头

② 阿贝折光仪的使用方法

a. 准备 将折光仪置于靠窗的桌上或普通的白炽灯前,用橡皮管将折光仪与恒温槽相连接,调节恒温槽至测定温度。恒温(一般是 20℃)后,小心地扭开直角棱镜的闭合旋钮,把上下棱镜分开,用少量丙酮、乙醇或乙醚润冲上下两镜面,分别用擦镜纸顺一方向把镜面轻轻擦拭干净,以免留有其他物质影响测定精度。

b. 加样 把待测液体用滴管加在进光棱镜的磨砂面上,旋转棱镜锁紧手柄,要求液体均匀无气泡并充满视场(若被测液体为易挥发物则在测定过程中须用针筒在棱镜组侧面的一个孔内加以补充)。

c. 测量 合上棱镜,适当扭紧闭合旋钮。调节反光镜使镜筒视场明亮。转动棱镜直到从目镜中可观察到视场中有界线或出现彩色光带。倘出现彩色光带,可调整消色散镜调节器,使明暗界线清晰,再转动棱镜手柄使界线恰好通过"十"字的交点,调节过程在目镜看到的图像颜色变化过程如图 3-5 所示。记下读数与温度。重复测试两次。

d. 清洁 测好样品后,用擦镜纸轻轻揩去上下镜面上的液体,再用乙醇或丙酮润湿的擦镜纸揩上下镜面,待棱镜干后,旋紧锁钮。

e. 校正 折光仪的刻度盘上的标尺的零点有时会发生移动,须加以校正,校正的方法是用一种已知折射率的标准液体,一般用高纯度蒸馏水按上述方法进行测定,重复两次,将

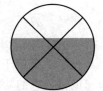

(a) 色散光带　　(b) 调节棱镜微调旋钮直到　　(c) 调节棱镜调节旋钮
　　　　　　　　　出现有明显的分界线　　　　使分界线经过交叉
　　　　　　　　　　　　　　　　　　　　　　点为止并读数

图 3-5　阿贝折光仪调节过程在目镜看到的图像颜色变化过程

测得的纯水的平均值与纯水的标准值进行比较，其差值即为仪器的校正值。在精密的测量工作中，须在所测范围内用几种不同折射率的标准液体进行校正，并绘制校正曲线，以供测试时对照校准。

③ 使用折光仪时的注意事项

a. 不应使仪器暴晒于阳光下。

b. 要保护棱镜，不能在镜面上造成刻痕。在滴加液体样品时，滴管的末端切不可触及棱镜；不能用滤纸等代替擦镜纸来擦拭镜面。

c. 避免使用对棱镜、金属保温套及其间的胶合剂有腐蚀或溶解作用的液体。

d. 折射率有加和性。测得的折射率与某化合物的折射率等同，不能完全确定所测物就是该化合物；也可能是两种或两种以上物质的混合物，因为混合物的折射率也可以等于所测的值。

e. 若液体折射率不在 1.3~1.7 范围内，则阿贝折光仪不能测定，也看不到明暗界线。

3.4　旋光度及其测定

光是一种电磁波，光波的振动方向与光的前进方向垂直，只在一个平面上振动的光简称偏振光。某些有机化合物能够使通过它的平面偏振光的振动面转过一定角度，振动面（旋转）的角度称旋光度。具有此性质的物质称为光学活性物质，其分子具有不能与其镜像完全叠合的特性，即"手性"。每一种旋光性物质在一定条件下都有一定的旋光度，通过测定旋光度不仅可以鉴定旋光性物质，而且可以检测其纯度及含量。

(1) 基本原理

旋光性物质的旋光度数值，不仅取决于这种物质本身的结构和配成溶液时所用的溶剂，而且也取决于溶液的浓度、旋光管的长度、测定时的温度和光波的长度。因此这些因素必须加以规定，使其成为一常数。通常用比旋光度 $[\alpha]$ 表示。计算式为：

$$[\alpha]_\lambda^t = \frac{\alpha}{cl}$$

式中，α 为由旋光仪测得的旋光度；l 为旋光管的长度，以 dm 为单位；λ 为所用光源的波长，通常用的是钠光源（$\lambda=589.3$nm），以 D 表示；t 为测定时的温度；c 为溶液浓度，g·mL^{-1}。如果被测物质本身是液体，可直接放入旋光管中测定，而不必配溶液，纯液体的比旋光度用下式表达：

$$[\alpha]_\lambda^t = \frac{\alpha}{dl}$$

式中，d 为纯液体的密度，$g \cdot mL^{-1}$。

旋光仪是测定物质旋光度的仪器，其光学系统示于图 3-6。仪器主要部分为两块尼科尔棱晶的长管子，第一块是固定的棱晶即起偏镜，它的功能是把通过聚光镜及滤色镜的光变成平面偏振光。第二块是可以旋转的尼科尔棱晶，即检偏镜，它的功能是测定被测物质使偏振面旋转的角度。

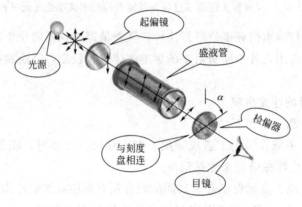

图 3-6　旋光仪原理示意

(2) 测定方法

① 配制溶液，准确称量 0.1～0.5g 样品，在 25mL 容量瓶中配成溶液。溶剂一般为水、乙醇、氯仿。

② 将仪器接 220V 交流电源，开启电源开关，预热 5min 后钠光灯发光正常，开始测定。

③ 检查仪器零点，即在旋光管未放进样品管时和放进充满蒸馏水的旋光管时，观察零度视场是否一致。如不一致，说明零点有误差，应在测量读数中减去或加上这一偏差值。

④ 选取长度适宜的旋光管，充满待测液，装上橡皮圈，旋上螺帽至不漏水，螺帽不宜过紧，否则护片玻璃会引起应力，影响读数。将旋光管擦净，放进样品管。

⑤ 转动刻度盘、检偏镜，在视场中寻得亮度一致位置，从刻度盘上进行读数。正数为右旋，反之为左旋。

⑥ 旋光度与温度有关，当用 $\lambda = 589.3$nm 的钠光测定时，温度升高 1℃，大多数旋光物质的旋光度约减少 0.3%。要求较高的测定，需恒温在 (20±2)℃ 的条件下进行。

⑦ 测得物质的旋光度之后，用公式求比旋纯度。

3.5　光谱法鉴定有机化合物结构

鉴定有机化合物结构常用的物理方法有：紫外吸收光谱（Ultra Violet Spectrascopy，UV）、红外吸收光谱（Infrared Absorption Spectrum，IR）、核磁共振谱（Nuclear Magnetic Resonance，NMR）及质谱（Mass Spectrum，MS）等。除质谱外，这些分析方法都是根据不同波长的电磁波（见图 3-7）与有机物相互作用而建立的，且不破坏样品结构。以下简单介绍紫外光谱、红外光谱及核磁共振谱的原理及其在有机物结构鉴定中的应用。

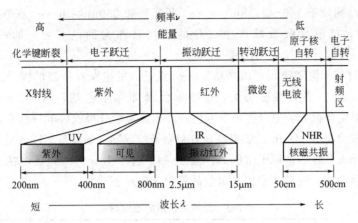

图 3-7　光谱区与波谱分析方法

3.5.1 紫外吸收光谱

紫外吸收光谱是基于分子中的价电子跃迁，在紫外区形成吸收光谱，从而根据吸收光谱对有机物进行定性分析和结构分析。紫外光谱的波长介于 200~400nm 之间，波长 100~200nm 属于远紫外区，远紫外区的紫外线因能被空气中的氧、氮、二氧化碳及水吸收，测试只能在真空条件下进行，对技术的要求比较高，实际用途不大。因此所讲的紫外光谱，一般指的是近紫外区（波长位于 200~400nm）。

(1) 基本原理

紫外光（200~400nm）对应的能量为 300~600kJ·mol^{-1}，紫外光谱是由于分子吸收光能后，产生了价电子跃迁，也可称它为电子光谱。紫外光谱波长较短，频率较高，对应的能量也比较高，当分子吸收一定波长的紫外线，导致价电子从低能态向高能态跃迁，即基态→激发态跃迁，进入到反键轨道，记录吸收强度随波长变化的曲线，即为紫外吸收光谱。

(2) 电子跃迁的类型

在有机化合物中，可以被激发的价电子有：形成饱和键的 σ 电子，形成不饱和键的 π 电子，还有氧、硫、氮、卤素等含有的未成键的孤对电子（即 n 电子）。当分子吸收一定能量后，价电子将从成键轨道跃迁到具有较高能量的反键 $σ^*$ 轨道或反键 $π^*$ 轨道，常见的跃迁有：σ→$σ^*$，π→$π^*$，n→$σ^*$ 和 n→$π^*$ 等类型。

跃迁所需能量的从高到低的顺序为：σ→$σ^*$＞n→$σ^*$≥π→$π^*$＞n→$π^*$

电子跃迁前后两个能级的能量差值 ΔE 越大，跃迁所需要的能量也越大，吸收光的波长就越短。

(3) 常见有机化合物的紫外光谱

在烷烃分子中，只有 σ 键，只能发生 σ→$σ^*$ 跃迁，这两个轨道的能级差最大，吸收的紫外光波长较短（小于 200nm），即远紫外区，已经超过一般的紫外-可见分光光度计的测定范围，所以，饱和烃在近紫外区对紫外线是透明的，故常用作紫外测定的溶剂。

若饱和烃分子中的氢原子被带有 n 电子的氧、硫、氮、卤素等杂原子取代时，由于杂原子带有未参与成键的孤电子对，因此会产生 n→$σ^*$ 跃迁，发生跃迁所需的能量比 σ→$σ^*$ 跃迁低，吸收峰会红移，即向长波方向移动。如 CH_4 的跃迁出现在 125～135nm（远紫外区），而 CH_3I 的吸收峰则处于 150～210nm（$\sigma \to \sigma^*$ 跃迁）和 259nm（$n \to \sigma^*$ 跃迁）。我们把这些含有非键电子对，能够使吸收峰产生红移的取代基称为助色基团。如 $-NH_2$、$-NR_2$、$-OH$、$-OR$、$-SR$、$-Cl$、$-Br$ 和 $-I$ 等。

如果分子中含有不饱和键，可以产生 $\pi \to \pi^*$ 跃迁，发生跃迁所需的能量远低于 $\sigma \to \sigma^*$ 跃迁，会发生红移，而且吸收强度加大，这些取代基即为生色基，如 $-C=C-$、$-C=O$、$-N=O$ 等。如果化合物分子中只有一个生色基，其最大紫外吸收峰同样落在远紫外区内，如乙炔最大吸收波长分别为 180nm。如果是含有杂原子的双键（如羰基）或者是含有能与碳原子上的 π 电子形成 p-π 共轭的杂原子（例如：氯乙烯），会产生 $n \to \pi^*$ 跃迁，在近紫外区会出现中低强度吸收的吸收带。一些生色团的吸收峰见表 3-3。

表 3-3　常见生色团的吸收峰

生色基	化合物	溶剂	吸收峰波长 λ_{max}/nm	摩尔吸光系数 $\varepsilon_{max}/L \cdot mol^{-1} \cdot cm^{-1}$
$>C=C<$	$H_2C=CH_2$	气态	171	15530
$-C\equiv C-$	$HC\equiv CH$	气态	173	6000
$>C=N-$	$(CH_3)_2C=NOH$	气态	190, 300	5000, —
$>C=O$	CH_3COCH_3	正己烷	166, 276	15, —
$-COOH$	CH_3COOH	水	204	40
$>C=S$	CH_3CSCH_3	水	400	
$-N=N-$	$CH_3-N=N-CH_3$	乙醇	338	4
$-NO$	$CH_3(CH_2)_2NO$	乙醇	300, 665	100, 20
$>C=C-C=C<$	$H_2C=CH-CH=CH_2$	正己烷	217	21000

如果分子中存在共轭体系，电子处在离域的分子轨道上，使 $\pi \to \pi^*$ 跃迁所需的能量减少，因此吸收向长波方向移动，吸收强度也逐渐增强。随着共轭体系逐渐延长而明显向长波方向移动，由近紫外可以转向可见光吸收。共轭体系中 $\pi \to \pi^*$ 跃迁的吸收峰称为 K 带，可以根据 K 带判断共轭体系的存在情况（如数目、位置、取代基等）。

(4) 芳香烃

苯系芳香化合物具有环闭的共轭体系，由于 $\pi \to \pi^*$ 跃迁，在紫外光谱中一般是三个吸收带：E_1 带、E_2 带和 B 带，如图 3-8 所示。E_1 带在 184nm 处（$\varepsilon=68000$），为强带，位于远紫外区；E_2 带在 204nm 处（$\varepsilon=8800$），为中等强度的吸收峰，B 带是一个精细结构带，$\lambda_{max} 254nm(\varepsilon=250)$，易于识别。在苯及其简单衍生物中，几乎都有相同强度的 B 带（$\varepsilon=250$～300），B 带是芳香族化合物包括芳香杂环化合物的特征谱带。当苯环上连有助色基如 $-OH$、$-NH_2$ 等时，E 带和 B 带红移，并且常常增强 B 带，使失去其精细结构。

可见，在近紫外区，只能观察到 $\pi \to \pi^*$ 和 $n \to \pi^*$ 跃迁引起的吸收峰，即紫外光谱适用于分析分子中具有不饱和结构的化合物，通过 K 带，可以判断化合物中存在共轭体系的情况，在结构鉴定上有一定作用。

(5) 紫外光谱的应用

紫外光谱在有机化学中既可定性分析，也可用于定量分析。

① 定性分析　由于 K 吸收带吸收强烈（ε_{max}可达 $10^4 \sim 10^5$），检测灵敏度高，根据化合物的紫外光谱图，可以推测分子中是否存在共轭体，以及共轭体系中取代基的位置、数目及种类和是否存在芳香结构等。但是紫外光谱图比较简单，提供的信息有限，而且有的取代基在近紫外区的吸收强度很弱，因此，在化合物的结构鉴定过程中，单靠紫外光谱图是很难确定化合物的结构，必须结合其他的谱图（如红外光谱、核磁共振谱、质谱等），才能得到可靠的结论。进行定性分析时，需使用标准物或标准图谱。除了比较紫外吸收峰外，还应比较它们的 ε_{max}。

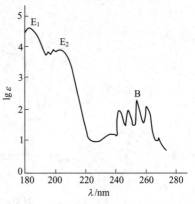

图 3-8　苯的紫外吸收光谱（乙醇中）

② 定量分析　紫外分光光度法的定量测定原理与可见光分光光度法相同，都是依据朗伯-比耳定律，测定步骤也相同。如果一个化合物有紫外吸收，当样品溶液的浓度、吸收池的厚度一定，测得某一样品的紫外吸收强度，则可以计算出样品的纯度。

3.5.2　红外吸收光谱

红外光谱（IR）是由于有机化合物吸收了红外区域波长辐射能而形成的吸收光谱，不同的基团会在不同的波长范围内有特征吸收峰，所以，红外光谱可以用于鉴定分子中含有官能团的类型，还可以鉴定两个样品是否为同一化合物以及所测定样品的纯度。具有准确、快速、样品用量少等优点。

(1) 基本原理

红外光是一种电磁波。红外区介于可见区及微波区之间，其中应用最广泛的是从 $2.5 \sim 25 \mu m$ 的中红外光。波长小于 $2.5 \mu m$ 的红外辐射称为近红外区，大于 $25 \mu m$ 的称为远红外区。

当以一定频率的红外光照射分子时，若分子中某一基团的振动频率和照射光的频率相同，则二者发生共振，光的能量通过分子偶极矩的变化传给分子，物质分子吸收能量后，振动能增加，由基态振动能级跃迁到较高的振动能级。由于分子中有若干个基团，同一基团又有若干不同的振动形式，当用连续的红外光照射时，在不同的波长位置就会出现一些吸收峰，记录其透光度随波长变化的曲线即为红外光谱。如图 3-9 为苯酚的红外光谱图。

在红外光谱图中，横坐标表示吸收峰的位置，用波长（λ，μm）或用波数（ν，cm^{-1}）表示，二者之间为倒数关系 $\left(\nu = \dfrac{1}{\lambda}10^4\right)$，纵坐标表示吸收强度，用透光率 T（或%）表示，它是投射光强 I 与入射光强 I_0 之比。透光率越低，表明吸收得越好，故曲线低谷表示是一个好的吸收带。

(2) 分子振动和红外吸收频率

① 分子的振动形式　分子内部的原子有伸缩振动和变形振动两种基本形式。对于双原子分子，若忽略分子的其余部分，化学键可以看成是用弹簧连接起来的两个小球（质量为 m_1 和 m_2），弹簧的质量忽略不计，可以近似地将双原子的伸缩振动看做是简谐振动，其振

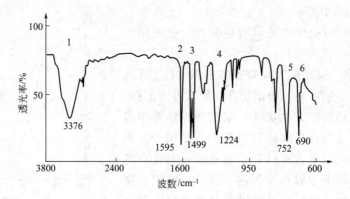

图 3-9 苯酚的红外光谱（KBr 压片法）

动频率可以通过下式进行计算：

$$\sigma = \frac{1}{2\pi c}\sqrt{k\left(\frac{1}{m_1}+\frac{1}{m_2}\right)}$$

式中，c 为光速；k 为化学键的力常数。可见，力常数 k 越大，原子质量越大，振动频率越低。反之，原子质量越小，振动频率越高。因为基团中都有一个原子量最小的氢，所以，O—H、N—H、C—H 键的伸缩振动均会在频率较高的区域出现。

在多原子分子的振动中，对多原子有机物分子而言，分子中的化学键的振动是多样的，以亚甲基（CH_2）的振动为例说明。

伸缩振动：指键长沿键轴方向发生周期性变化的振动。两个键长沿键轴方向同时伸长或缩短的为对称伸缩振动；两个键长沿键轴方向伸长和缩短交替发生的为非对称伸缩振动，如图 3-10 所示。

变形振动：指键角发生周期性变化而键长不变的振动。变形振动又分为面内变形振动和面外变形振动。变形振动不改变键长，振动能量较小，红外吸收在低频区，一般在 $1200cm^{-1}$ 以下，如图 3-11 所示。

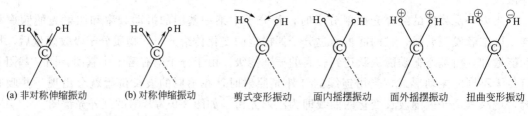

(a) 非对称伸缩振动　(b) 对称伸缩振动　　剪式变形振动　　面内摇摆振动　　面外摇摆振动　　扭曲变形振动

图 3-10 亚甲基的伸缩振动　　　　图 3-11 亚甲基的变形振动

箭头表示在纸面上的振动；⊕和⊖表示垂直纸面上下振动。

如果用频率连续改变的红外线照射分子，当分子中某个化学键的振动频率和红外线的振动频率相同时，就产生了红外吸收。也就是说，并非所有的振动都会产生红外吸收，只有那些偶极矩的大小和方向发生变化的振动，才能产生红外吸收。

② 化学键的红外特征吸收峰　对大量有机化合物的红外光谱图进行研究发现：即使是不同的化合物，只要结构中具有相同的官能团或者同一类型的化学键，它们在一定的波数范围内均出现较强的吸收，这就是官能团或化学键的特征吸收频率。特征吸收频率受分子的具

体环境影响不大,在比较窄狭的范围出现,彼此之间极少重叠,而且是较大强度的吸收带,很容易辨认。常见官能团的吸收频率表 3-4。

表 3-4 常见化学键的特征红外吸收频率

化 学 键	化合物类型	吸收峰位置/cm^{-1}	吸收强度
C—H	烷烃	2960~2850	强
=C—H	烯烃	3100~3010	中
≡C—H	炔烃	3300	强
C=C	烯烃	1680~1620	不定
—C≡C—	炔烃	2200~2100	不定
C=O	羰基化合物	1850~1600	强

③ 红外光谱的分区　整个红外光谱图可分为官能团区(4000~1400cm^{-1})和指纹区(1400~600cm^{-1})。官能团区的吸收峰主要是由于分子的伸缩振动引起的,吸收谱带比较简单,吸收强度很大,因此,从官能团区可以快速推测一个化合物中存在的官能团类型,完成对化合物结构的初步鉴定。而指纹区的吸收峰的数目较多,还经常出现相互重叠,不仅含有单键的伸缩振动吸收峰,还有弯曲振动的吸收峰,有许多吸收峰不易解释,很难进行归属。而且分子结构的微小变化,会导致红外吸收带的吸收频率、强度会产生较大差异。但不同的有机分子在这段区域里都有自己特定的吸收峰,如同我们的指纹一样,因此称为指纹区。该区域的吸收对于结构相似的化合物,如同系物的鉴别是极为有用的。如果要用红外光谱确定两个化合物是否相同时,不仅要看两个图谱在官能团区的吸收峰是否完全吻合,还要看在指纹区范围内是否完全一致。

(3) 红外光谱测定

气体、液体、固体的有机样品都可以用红外光谱进行检测。如果样品是气体,检测前一定要把气体槽的空气抽干净,再通入气体样品进行检测。如果液体样品的沸点较高,可以直接将 1~10mg 样品滴在薄板上,盖上另外一块薄板直接进行检测。如果样品是固体,且熔点较低,可以用液膜法进行检测,即先将样品熔化后,再夹在两块薄板之间进行检测。在检测过程中,除了仪器本身的因素,制样技术会直接影响最后能否得到比较理想的红外光谱图。对于固体样品,比较常用的制样方法有三种。

① 糊状法　把样品研磨成细粉末,滴上几滴糊剂(一般用液体石蜡油),在玛瑙研钵中继续研磨,直到成均匀的糊状物,再涂到可拆液体吸收池的盐片上,盖上另一盐片,制成均匀薄层即可测定。

② 薄膜法　把固体样品制成薄膜测定,制法有两种:一是直接加热熔融样品,再涂制或压制成膜。对于低熔点的固体样品,用红外灯或电炉把样品熔融后夹在二盐片之间制成薄膜进行测定。此法虽方便,但样品在熔融时要不分解,不升华,不起其他化学变化时才可采用。另一方法是先把样品配成 5%~10% 的溶液,再蒸除溶剂形成薄膜进行测定。

③ 压片法　将少量样品(1mg 左右)与 KBr(100~200mg)混合均匀,在玛瑙研钵中研磨成 2μm 左右的细粉末,装填在压膜的上下垫片之间,然后放在油压机上压制成透明的薄片,再把透明片置于固体样品吸收池中进行测定。由于 KBr 极易吸潮,从制样到获得谱图的过程中应保持干燥。

在制样过程中要注意以下几点。

① 样品应完全干燥，不能含有游离水，因为水的存在不仅会干扰试样的峰形，而且还会损坏吸收池的盐片。

② 样品的纯度要高，否则光谱互相重叠，谱图难于解析。因此，如果样品是多组分的，那么应先进行组分分离，得到纯净样品后干燥再制样。

③ 样品的浓度和测试厚度要适当，太厚的话，影响光的透过率。一张好的光谱图，其吸收峰的透光率应大都处于 20%～60% 范围内。

3.5.3 核磁共振谱

用波长 50～500cm（频率相当于 MHz 数量级）的电磁波照射样品，因电磁波波长较长，能量较低，不能引起样品中价电子的跃迁及原子或基团的振动跃迁，但该电磁波能与置于磁场中一定样品的原子核相互作用，发生核磁共振跃迁，记录其共振跃迁信号位置和强度，就是核磁共振谱（Nuclear Magnetic Resonance，NMR）。

核磁共振谱已广泛应用于分子生物学、天然有机化学、合成有机化学、石油化工、医药等各个领域。尤其在有机化学方面，NMR 可提供有关分子结构、分子构型、分子运动等多种信息，NMR 谱已成为研究有机分子微观结构不可缺少的工具。

(1) 原理

核磁共振研究的对象是具有磁矩的原子核。质子与中子数其中之一为奇数的原子核因其自旋量子数 $I \neq 0$，具有自旋现象，如氢核（^{1}H），具有量子数 m_s 分别为 $+1/2$ 和 $-1/2$ 的两个自旋状态（图 3-12）。因此，在外加磁场中氢核自旋磁矩就有两种取向，一种是自旋磁矩与磁场方向一致，能量较低，称低能态，另一种是自旋磁矩与外加磁场方向相反，称高能态，如图 3-13 所示。两者能量之差 ΔE 与外加磁场强度成正比：

$$\Delta E = \gamma \frac{h}{2\pi} H_0$$

式中，γ 为氢核的特征常数（磁旋比）；h 为普朗克常数；H_0 为外加磁场强度。

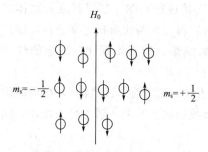

图 3-12　氢核在外加磁场中的
两种自旋状态

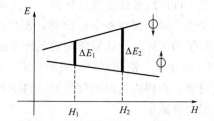

图 3-13　不同磁场强度时氢核两种
自旋状态的能量差

若在与 H_0 垂直的方向上加一个射频场，辐射在一定磁场中的氢核，当辐射能恰好等于氢核两种自旋状态的能量差时，氢核就吸收该辐射能（$h\nu$），从低能态跃迁到高能态，氢核的自旋反转，这种现象称为核磁共振吸收。

$$\Delta E = h\nu \qquad 则：\nu = \frac{\gamma}{2\pi} H_0$$

产生的共振信号用核磁共振仪记录下来，就是核磁共振谱图。氢原子核的核磁共振简写

为 ^{1}H NMR。从公式可看出，氢核吸收的辐射能频率 ν 与外加磁场强度有关。外加磁场大，ν 越大，ΔE 也越大，此时，仪器的分辨率提高。

（2）屏蔽效应与化学位移

若质子的共振磁场强度只与 γ（磁旋比）、电磁波照射频率 ν 有关，那么，试样中符合共振条件的 ^{1}H 都发生共振，就只产生一个单峰，这对测定化合物的结构是毫无意义的。实验证明，在相同的频率照射下，化学环境不同的质子将在不同的磁场强度处出现吸收峰，这是核外电子对 H 核产生的屏蔽效应造成的。

实际上，H 核在分子中不是完全裸露的，而是被价电子所包围。因此，在外加磁场作用下，由于核外电子在垂直于外加磁场的平面绕核运动，从而产生与外加磁场方向相反的感生磁场 H'。感生磁场方向与外加磁场相反，如图 3-14 所示，使氢核实际感应到的磁场强度要比外加磁场的强度弱。为了发生核磁共振，必须提高外加磁场强度，以抵消电子运动产生的对抗磁场的作用。核外电子对 H 核产生的这种对抗外加磁场的作用，称为屏蔽效应（Shielding Effect）。显然，核外电子云密度越大，屏蔽效应越强，要发生共振吸收就势必增加外加磁场强度，共振信号将移向高磁场区；反之，共振信号将移向低磁场区。若感应磁场增强外加磁场，如图 3-15 所示，π 电子诱导的环流对醛氢的作用，使其感受到的磁场强度增强了，这种作用称为去屏蔽（Deshielding）。

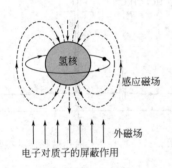

图 3-14　核外电子产生的感应磁场（屏蔽效应）

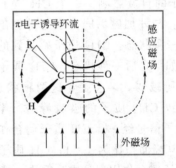

图 3-15　核外电子产生的感应磁场（去屏蔽效应）

在照射频率确定时，氢核因在分子中的化学环境不同而在不同共振磁场强度下显示吸收峰的现象称为化学位移（Chemical Shift，δ）。显然，一个质子的化学位移取决于其周围的电子环境。在同一个分子中，处于不同电子环境（也称不等性质子）的质子会有不同的化学位移；在不同分子中，处于相同电子环境的质子（也称等性质子）有大致相同的化学位移。对于一个有机化合物的核磁共振氢谱，通过辨析各类质子的吸收峰并根据它们各自的化学位移，就可初步推断出其分子结构。如，乙醇的 ^{1}H NMR 图谱中，如图 3-16 所示，H_a 与吸电子的羟基距离较 H_b 远，H_a 核周围的电子云密度高于 H_b，即屏蔽效应比 H_b 大，处于高场，相应地，H_b 处于低场。H_c 与氧相连，处于最低场。

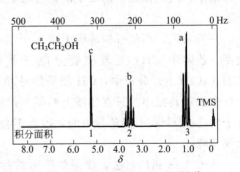

图 3-16　乙醇的 ^{1}H NMR 图谱

有机分子中各类质子的化学位移的差别约为百万分之十，精确测量十分困难，现采用相对数值。以四甲基硅（Tetramethylsilicon，TMS）为标准物质，规定它的化学位移为零，然后，根据各类质子的吸收峰与零点的相对距离来确定它们的化学位移值。

化学位移是一个很重要的物理常数，它是分析分子中各类氢原子所处化学环境的重要依据。δ值越大，表示屏蔽效应越小。多数质子的化学位移δ值位于0~10之间。

在^{1}H NMR图谱中，各组峰覆盖的面积与引起该吸收峰的氢核数成正比。图3-16中乙醇的三组峰面积$H_a:H_b:H_c=3:2:1$，与分子中的三组质子的比例相同。因此，从^{1}H NMR图谱中各组峰的面积比可以提示各组质子的比例。

（3）自旋偶合和自旋裂分

在^{1}H NMR图谱中，有些氢核的吸收峰不是单峰，而是多重峰，如图3-16所示中乙醇中各类氢的吸收峰。乙醇中有三种化学环境不同的氢核，CH_3、CH_2及OH，在图谱中出现三组吸收峰，化学位移（δ值）分别为1.19，3.66，5.27。在三组峰中只有H_c为单峰，H_a是三重峰，H_b是四重峰。H_a和H_b的共振吸收峰被分裂是由于它们受到邻近氢核的干扰引起的，这种干扰称自旋偶合（Spin-spin Coupling），自旋偶合产生的谱线增多的现象称自旋裂分（Spin-spin Splitting）。

以1,1,2-三氯乙烷为例（见图3-17）讨论其分子中CH_2及CH的相互作用。对于CH_2质子来说，它在核磁共振谱中的信号要受到相邻CH质子的自旋影响。一个CH质子的自旋有两种方式：与外加磁场同向或与外加磁场反向。如果是前一种状态，CH_2质子感受到的磁场就有所增强；如果是后一种状态，CH_2质子感受到的磁场就有所减弱。事实上，这两种状态同时存在，因而导致CH_2质子的吸收峰被分裂为两重峰。CH_2质子信号经一个CH质子偶合作用裂分成双重峰，其峰面积比为1:1；CH质子信号经两个CH_2质子偶合作用裂分成三重峰，其峰面积比为1:2:1。

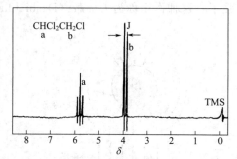

图3-17 1,1,2-三氯乙烷核磁共振氢谱

对于CH质子来说，其吸收峰同样会受到CH_2质子的自旋影响。CH_2质子有两个，其自旋有四种组合方式，其中两组是相同的，因而使CH质子的信号裂分为三重峰。

裂分后的峰间距称为偶合常数（Coupling Constant），用J表示，单位为赫兹（Hz）。邻碳不等性质质子相互偶合所得到的峰组，一般其偶合常数是相同的。因此，在复杂的核磁共振谱中，通过比较不同峰组的偶合常数，可以推断这些产生信号的质子是否在相邻的碳原子上。

一般来说，当氢核相邻碳上有n个质子时，吸收峰被分裂为$(n+1)$个，即有$(n+1)$规则。乙醇中CH_3上氢被裂分成三重峰，CH_2氢被裂分成四重峰；1,1,2-三氯乙烷（$CH_2ClCHCl_2$）分子中，CH质子信号可裂分为三重峰；CH_2质子裂分为二重峰。

在核磁共振中，只有邻碳上的不等价质子间才会产生自旋偶合和自旋裂分。四甲基硅烷分子中的12个质子都是等价的，因而不会发生自旋偶合及自旋裂分，在其核磁共振谱中只出现单峰。

从图3-16粗略看去，谱图似乎是对称的，其实不然。仔细观察不难看出，两组相互偶合所产生的多重峰，其内侧比外侧高。利用这一特点，可以方便地在谱图中找出相互偶合的多重峰。

(4) 核磁共振谱氢的应用

从一张 ^{1}H NMR 谱中可得到化合物以下几个方面的结构信息。首先,从吸收峰的组数可知该化合物中有几种化学环境不同的质子;其次,从各组峰的化学位移值可推测该质子所处的屏蔽效应的大小;再次,从各组峰的面积比获得各组氢的比例,从各组氢的裂分数获得相邻质子的数目;最后,利用偶合常数,可获得更有用的结构信息。

第4章 有机化学实验基本操作技术训练

4.1 简单玻璃工操作训练

【实验目的】
1. 掌握简单玻璃工操作的基本要领。
2. 初步训练毛细管、弯管、滴管、玻璃棒、沸点外管等简单玻璃加工技术。

【实验原理】
见本教材 2.1.2.2 节。

【实验训练内容】
按操作的要求分别制作以下玻璃用品。

（1）滴管　制作总长度为 150mm 的滴管一根，要求粗端长 120mm，细端内径为 1.5~2.0mm，长 30~40mm，另制作总长度为 100mm 的滴管一根，要求粗端长 80mm，细端内径为 1.5~2.0mm，长 20~30mm。粗端烧软后在石棉网上按一下，外缘突出，便于装胶头。

（2）毛细管　拉制长 100~120mm，直径 1~1.2mm 毛细管至少 4 根，一端封熔，留待测熔点用；拉制长 80~100mm，直径 1~1.2mm 毛细管至少 4 根，作沸点内管。

（3）玻璃搅拌棒　制作长 100~120mm 的玻璃棒 4 根。

（4）弯管　制作 90°弯管一根，长度 100mm×100mm。

（5）沸点外管　制作长 60~80mm 的沸点外管，一端封熔，底要薄，至少 4 根。

（6）玻璃连接管　制作长 50~100mm 的玻璃管两根。

【实验注意事项】
1. 弯管操作时，在火焰上加热双手尽量不要往外拉或向内推，否则管径变得不均；两手旋转玻璃管的速度要一致，玻璃管受热要适中，否则易出现弯曲、纠结和瘪陷；在一般情况下，不应在火焰中弯玻璃管。

2. 拉制后的玻璃用品都必须放在石棉网上自然冷却，不要直接放在实验台上或冷的金属铁台上。

【实验思考题】
1. 截断玻璃管时要注意哪些问题？怎样弯曲和拉细玻璃管？在火焰上加热玻璃管时怎样才能防止玻璃管被拉歪？

2. 弯曲和拉细玻璃管时软化玻璃管的温度有什么不同？弯制好的玻璃管如果要立即和冷的物件接触会发生什么不良的后果？应该怎样才能避免？
3. 玻璃管（棒）加工完毕后为什么要退火？

4.2 熔点、沸点测定技术训练

【实验目的】
1. 了解熔点及沸点测定的意义。
2. 掌握毛细管法测定熔点及微量法测定沸点的操作方法。
3. 了解利用纯粹有机化合物的熔点测定校正温度计的方法。

【实验原理】
见本教材 3.1～3.2 节。

【实验训练内容】
1. 熔点测定
用毛细管法分别粗测未知固体样品 A 和样品 B，得到大致的熔程；再分别准确测定未知样品 A 和样品 B 的熔程。
2. 测定数种已知熔点的纯粹化合物的熔点来进行温度计的校正（选做）。
3. 沸点测定
分别粗测未知液体样品 1 和样品 2 的沸点，再分别准确测定未知样品的沸点。

【实验注意事项】
1. 熔点管、沸点管应选择底端封闭，洁净，管壁厚薄适中的管子。
2. 测熔点时，样品粉碎要细，填装要实，试样要紧聚在管底，样品的装入量不能太多或太少，试样的高度以 2～3mm 为宜。
3. 掌握升温速度是准确测定熔点的关键，愈接近熔点，升温速度应愈慢，一是让热传导有充分的时间，二是便于实验者观察。
4. 每一次测定都必须用新的熔点管另装样品，不能将已用过的熔点管冷却，使样品固化再作第二次测定。测定升华物质的熔点时，将熔点管的开口端封闭，以免升华。
5. 注意使温度计水银球位于 b 形管上下两叉口之间。
6. 用于固定作用的橡皮圈不可浸入油浴中，以防橡皮圈受热熔胀脱落。

【实验思考题】
1. 测定熔点时，若遇下列情况，将产生什么样结果？
① 熔点管壁太厚。
② 熔点管底部未完全封闭，尚有一针孔。
③ 熔点管不洁净。
④ 样品未完全干燥或含有杂质。
⑤ 样品研得不细或装得不紧密。
⑥ 加热太快。
2. 为什么不能使用第一次测定熔点时已经熔化了的有机化合物再做第二次测定？
3. 用微量法测定沸点，把最后一个气泡刚欲缩回至管内的瞬间的温度作为该化合物的沸点，为什么？

4. 三个瓶子中分别装有三种白色结晶的有机固体，每一种都在 149～150℃ 熔化。一种 50∶50 的 A 与 B 的混合物在 130～139℃ 熔化；一种 50∶50 的 A 与 C 的混合物在 149～150℃ 熔化，那么 50∶50 的 B 与 C 的混合物在什么样的温度范围内熔化呢？能否说明 A、B、C 是同一种物质呢？

4.3 蒸馏操作训练——无水乙醇的制备

【实验目的】
1. 掌握常压蒸馏的原理及应用范围。
2. 学习常压蒸馏装置的装卸顺序和操作方法。
3. 了解乙醇的纯化原理。

【实验原理】
在有机合成中，溶剂纯度对反应速率及产率有很大影响。有些反应，必须在绝对干燥条件下进行，在反应产物的最后纯化过程中，为避免某些产物与水生成水合物，也需要较纯的无水有机溶剂。

由于乙醇和水形成共沸物，故含量为 95.5% 的工业乙醇尚含有 4.5% 的水。若要得到含量较高的乙醇，在实验室中用加入氧化钙（生石灰）加热回流。使乙醇中的水与氧化钙作用，生成不挥发的氢氧化钙来除去水分。这样制得的无水乙醇，其纯度最高可达 99.5%，已能满足一般实验使用。如要得到纯度更高的绝对乙醇，可用金属镁或金属钠进行处理。

$$2C_2H_5OH + Mg \longrightarrow (C_2H_5O)_2Mg + H_2 \uparrow$$
$$(C_2H_5O)_2Mg + H_2O \longrightarrow 2C_2H_5OH + MgO$$
$$\text{或 } C_2H_5OH + Na \longrightarrow C_2H_5ONa + \frac{1}{2}H_2 \uparrow$$
$$(C_2H_5ONa + H_2O \rightleftharpoons C_2H_5OH + NaOH)$$

【实验试剂】
95% 乙醇，生石灰（氧化钙），氯化钙，氢氧化钠，高锰酸钾，无水硫酸铜，稀盐酸。

【实验步骤】
1. 回流加热除水

在 50mL 圆底烧瓶中，加入 20mL 95% 乙醇，慢慢放入 8g 小颗粒状的生石灰和约 0.1g 氢氧化钠。装上回流装置，冷凝管上接盛有无水氯化钙的干燥管。加热回流约 1h。

2. 蒸馏

回流完毕，改为蒸馏装置，将干燥的锥形瓶作接收器，接引管支口上接有盛有无水氯化钙的干燥管，加热蒸馏。记下馏出液的沸点，蒸馏完毕，称量无水乙醇的质量或量其体积，计算回收率。

3. 检验产品含水量

取一支小试管，里面放一小粒高锰酸钾或少量无水硫酸铜粉末，迅速滴入几滴蒸馏后的无水乙醇，塞住试管口。观察乙醇是否变为紫红色或变为蓝色，如果没有变化说明含水量低，产品质量符合要求。由于乙醇吸水很快，所以检验时动作要快。高锰酸钾比无水硫酸铜灵敏。

纯粹乙醇的沸点为 78.5℃，折射率 n_D^{20} 1.3611。

【实验注意事项】

1. 本实验中所用仪器均需彻底干燥。由于无水乙醇具有很强的吸水性，故操作过程中和存放时必须防止水分侵入。

2. 一般用干燥剂干燥有机溶剂时，在蒸馏前应先过滤除去。但氧化钙与乙醇中的水反应生成氢氧化钙，因在加热时不分解，故可留在瓶中一起蒸馏。

【实验思考题】

1. 制备无水试剂时应注意什么事项？为什么在加热回流和蒸馏时冷凝管的顶端和尾接管支管上要装置氯化钙干燥管？

2. 用 200mL 工业乙醇（95%）制备无水乙醇时，理论上需要氧化钙多少克？

3. 工业上是怎样制备无水乙醇的？

4. 回流在有机制备中有何优点？为什么在回流装置中要用球形冷凝管？

4.4 水蒸气蒸馏操作训练——肉桂醛的提取

【实验目的】

1. 了解从天然产物中提取有效成分的方法。
2. 熟练水蒸气蒸馏的操作技术。
3. 进一步熟悉固液萃取操作。

【实验原理】

许多植物具有独特的令人愉快的气味，植物的这种香气由其所含的香精油所致。肉桂树皮中香精油的主要成分是肉桂醛，其结构式为 C₆H₅—CH=CHCHO。纯品系黄色油状液体，微溶于水，易溶于乙醇、二氯甲烷等有机溶剂，在空气中久置易氧化成肉桂酸。在自然界中，它因存在于肉桂树皮中而得名肉桂醛。从肉桂树皮中提取肉桂醛的方法有水蒸气蒸馏法、压榨法和溶剂萃取法等。本实验采用溶剂萃取法和水蒸气蒸馏法两种方法提取肉桂醛。肉桂醛主要用作饮料和食品的增香剂，也用于其他的调和香料。学习肉桂醛的提取方法对从天然产物中提取类似的产品有一定的实用价值。

【实验试剂】

肉桂树皮，二氯甲烷，1% Br_2/CCl_4 溶液，2,4-二硝基苯肼试液，托伦（Tollen）试剂，品红醛试剂（Schiff 试剂）。

【实验步骤】

1. 肉桂醛的提取

取 3g 桂皮在研钵中研碎，放入 25mL 圆底烧瓶中，加水 12mL，装上冷凝管，加热回流 25min。冷却后倒入蒸馏瓶中进行水蒸气蒸馏，收集馏出液 5~6mL。将馏出液转移到分液漏斗中，用每份 4mL 乙醚萃取 2 次。弃去水层，乙醚层移入小试管中，加入少量无水硫酸钠干燥后，滤出萃取液，在通风橱内用水浴加热蒸去乙醚，得肉桂醛。用毛细滴管吸取 1 滴在阿贝折光仪上测折射率。

2. 肉桂醛的性质试验

（1）取提取液 1 滴于试管中，加入 1 滴 Br_2/CCl_4 溶液，观察红棕色是否褪去。

（2）取提取液 2 滴于试管中，加入 2 滴 2,4-二硝基苯肼试剂，观察有无黄色沉淀生成。

（3）取提取液 1 滴于试管中，加入 2～3 滴托伦试剂，水浴加热，观察有无银镜产生。

（4）取提取液 1 滴于试管中，加入品红试剂 2 滴，振摇，1min 后呈现深紫红色，若紫红色不出现，可采用水浴微热 2～3min，紫红色将出现。

【实验注释】

[1] 水蒸气发生器上的安全管不宜太短，其下端应接近器底，盛水量通常为其容量 1/2～3/4。

[2] 在水蒸气蒸馏过程中，要密切关注水蒸气发生器侧管和安全管中的水位以及圆底烧瓶中通入水蒸气的情况，以便及时排除故障和防止倒吸等现象的发生。

【实验思考题】

1. 为什么水蒸气蒸馏温度低于 100℃？
2. 应用水蒸气蒸馏的化合物必须满足哪些条件？
3. 水蒸气蒸馏有哪些优、缺点？

4.5 重结晶及洗涤

【实验目的】

1. 学习固体有机化合物典型的纯化方法——重结晶。
2. 理解重结晶的基本原理和适用条件；熟练掌握重结晶的基本操作。
3. 学习并掌握洗涤的基本原理、分液漏斗的操作及应用。

【实验原理】

利用固体混合物中各组分在某种溶剂中的溶解度不同，或在同一溶剂中不同温度时的溶解度不同，而使它们相互分离（相似相溶）。

本实验的成败关键：热过滤时要尽量减少产物在滤纸上结晶析出。

【实验试剂】

乙酰苯胺粗品 2.0g，溶剂：乙醇水溶液（$V_{乙醇}:V_{水}=1:4$）。

【实验步骤】

1. 重结晶

（1）样品的溶解：在 50mL 圆底烧瓶中放置 2.0g 乙酰苯胺粗品，加入约 5mL 乙醇水溶液（$V_{乙醇}:V_{水}=1:4$），投入沸石，装上球形冷凝管，开启冷凝水，加热回流，观察溶解情况。如不能全溶，移开火源，自冷凝管口逐渐添加溶剂，每次加入后均需要加热使溶液沸腾，直至恰能完全溶解（要注意判断是否有不溶性杂质存在，以免加入过多溶剂），记录所加溶剂的总体积，再补加溶剂总体积20%左右的溶剂。

(2) 脱色：移开火源，稍冷后拆下冷凝管，加入少量（约0.1g）活性炭，装上冷凝管，重新加热回流5~10min。

(3) 热过滤：在已温热并放置好圆形滤纸的布氏漏斗上，立即用少量热溶剂润湿滤纸，减压使滤纸紧贴漏斗底部。趁热将前步制得的沸腾的粗乙酰苯胺溶液倒入漏斗，减压抽滤。

(4) 重结晶：滤液自然冷却到室温后再冰水浴充分冷却，减压抽滤，使结晶与母液尽量分开。停止抽滤，在布氏漏斗中加入少量冷水，使晶体润湿，用玻璃棒搅松晶体，减压抽干。洗涤晶体1~2次。将产品置于表面皿上烘干，称重，计算收率。

2. 以5%NaOH溶液洗涤除去粗环己醇中少量苯酚

(1) 检漏：检查分液漏斗顶塞和活塞是否紧密配套。在活塞孔两边轻轻地抹上一层凡士林，插上活塞，然后同一方向旋转旋塞，直到旋塞部位的油脂均匀透明，再检查是否漏水。

(2) 将漏斗置于固定在铁架的铁圈中，关好活塞。将10mL粗环己醇和10mL 5%NaOH溶液依次从上口倒入漏斗中，塞紧塞子。

(3) 取下分液漏斗，用右手掌顶住漏斗顶塞并握漏斗，左手握住漏斗活塞处，大拇指压紧活塞，把漏斗放平，振摇。

(4) 振摇几次后，将漏斗的上口向下倾斜，下部指向斜上方（朝无人处），左手仍握在活塞支管处，用拇指和食指旋开活塞放气（释放漏斗内的压力），如此重复几次。

(5) 振摇完毕，分液漏斗竖直于铁圈上，静置分层。待两层液体完全分开，先使上端通大气，再将活塞缓缓旋开，下层液体自活塞放出，上层液体（环己醇）从上口倒出。

(6) 将分液漏斗用清水洗净。将环己醇倒回分液漏斗中，用10mL水再洗1次。

(7) 检验：取少许5%的$FeCl_3$溶液于洗涤后的环己醇中，观察是否出现蓝紫色，判断苯酚是否萃取完全。若未萃取完全，重复5% NaOH水溶液萃取、水洗过程。

【实验注意事项】

1. 减压过滤（又称抽滤）：剪好的滤纸平铺在漏斗底板上，先用少量溶剂润湿，开动抽气泵，使滤纸紧贴在漏斗上，然后缓慢倒入待过滤的混合物，一直抽气至无液体滤出为止。

2. 活性炭脱色：活性炭用量的多少视反应液颜色而定，不必准确称量；特别注意不可在溶液沸腾时加活性炭，以防暴沸。

3. 热过滤：短颈漏斗必须先在水浴中充分预热，尽量减少产物在滤纸上结晶析出。

4. 扇形滤纸的折叠：扇形滤纸的作用是增大母液与滤纸的接触面积，加快过滤速度。在折叠扇形时注意不要把滤纸的顶部折破。

【实验思考题】

1. 重结晶时，溶剂的用量为什么不能过量太多，也不能过少？

2. 在重结晶过程中，必须注意哪几点才能使产品的收率高、质量好？

3. 重结晶时活性炭为什么要在固体物质全溶后加入？又为什么不能在溶液沸腾时加入？

4. 洗涤时两组分的分离利用了什么性质？在洗涤过程中各组分发生的变化是什么？写出分离提纯流程图。

4.6 减压蒸馏操作训练——呋喃甲醛的纯化

【实验目的】

1. 了解减压蒸馏的原理及应用范围。
2. 掌握减压蒸馏操作所用仪器及其安装要求。
3. 明确操作过程中的注意事项，学习呋喃甲醛的提纯方法。

【实验原理】

呋喃甲醛又名糠醛，无色液体，沸点161.7℃，存放过久被缓慢氧化变成棕褐色甚至黑色，同时往往含有水分，因此使用前需蒸馏提纯，由于易被氧化，最好在减压下蒸馏，但若蒸出温度太低，其蒸气的冷凝液化又不易进行，因此需要选择合适的馏出温度。考虑到用25℃左右的自来水冷却时，蒸气的温度必须在50℃以上才会有较好的冷凝效果，故可把温度选择在55℃左右。先在图2-32的A线上找到55℃的点，再在B线中找出162℃的点，使直尺边经过这两个点，则直尺的边缘与C线相交的点大体相当于17mmHg（2266.5Pa），所以减压蒸馏的条件初步定为55℃/2.27kPa（17mmHg）。

【实验试剂】

呋喃甲醛。

【实验步骤】

1. 安装减压蒸馏装置（见图2-33）。
2. 检查系统是否密闭：关闭毛细管，减压至压力稳定后，夹住连接系统的橡皮管，观察压力计读数是否变化，无变化说明不漏气，有变化即表示漏气。为使系统密闭性好，磨口仪器的所有接口部分都必须用真空油脂润涂好。
3. 检查仪器不漏气后，50mL蒸馏瓶加入待纯化的呋喃甲醛20mL的液体，旋紧毛细管上端的螺旋夹，打开安全瓶上的活塞，通大气，然后开泵抽气，逐渐关闭安全瓶上的活塞，使系统达到所需要的压力。调节毛细管导入的空气量，以能冒出一连串小气泡为宜，如果没有气泡，可能是毛细管已堵塞，应更换。收集54～56℃/2.27kPa（17mmHg）馏分。新蒸的呋喃甲醛为无色或淡黄色液体。
4. 蒸馏完毕，先除去热源，慢慢旋开夹在毛细管上的螺旋夹，待蒸馏瓶稍冷后再慢慢开启安全瓶上的活塞放气，平衡内外压力（若开得太快，水银柱很快上升，有冲破测压计的可能），然后才关闭抽气泵。
5. 收集产品并计算回收率。

【实验思考题】

1. 在减压蒸馏的操作中，必须先抽真空后加热，为什么？
2. 当减压蒸馏完所要的化合物后，应如何停止减压蒸馏？为什么？
3. 用水泵减压时，必须采用什么防护措施？

【实验注释】

文献：呋喃甲醛的沸点为103℃/100mmHg，67.8℃/20mmHg，18.5℃/1mmHg。

4.7 薄层色谱操作训练——薄层板的制备和镇痛药片 APC 组分的分离

【实验目的】
1. 掌握薄层色谱的原理及薄层色谱板的铺制方法。
2. 了解从 APC 药片中提取有效成分的方法。
3. 掌握薄层色谱的一般操作和定性鉴定化合物的方法。

【实验原理】
1. 薄层色谱

薄层色谱是快速分离和定性分析微量物质的一种极为重要的实验技术，具有设备简单、操作方便而快速的特点。它是将固定相支持物均匀地铺在玻璃片上制成薄层板，将样品溶液滴加在起点处，置于层析缸中用合适的溶剂展开而达到分离的目的。用此法分离时几乎不受温度的影响，可采用腐蚀性显色剂，而且可在高温下显色，特别适用于挥发性小或在较高温度下易发生反应的物质，同时也常用来跟踪有机反应或监测有机反应完成的程度。

薄层色谱按分离机制不同可分为吸附色谱、分配色谱、离子交换色谱等，最常用的为吸附薄层色谱。吸附色谱中样品在薄层板上经过连续、反复地被吸附剂吸附及展开剂解吸附过程，由于不同的物质被吸附剂吸附的能力及被展开剂解吸附的能力不同，在薄层板上以不同速度移动而得以分离。

通常用比移值（R_f）表示物质移动的相对距离：

$$R_f = \frac{\text{色斑最高浓度中心至原点中心的距离}}{\text{展开剂前沿至原点中心的距离}}$$

物质的比移值随化合物的结构、吸附剂、展开剂等不同而异，但在一定条件下每一种化合物的比移值都为一个特定的数值。故在相同条件下分别测定已知和未知化合物的比移值，再进行对照，即可对未知化合物定性鉴别。

用薄层色谱定性鉴定化合物，经点样、展开（见图 4-1）、显色及计算各组分 R_f 值等步骤即可完成。

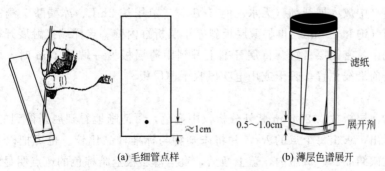

图 4-1　薄层色谱分析

2. APC 药片中主要成分的提取和分离

普通的镇痛药如 APC 通常是几种药物的混合物，大多含有阿司匹林、非那西汀、咖啡因和其他成分。用 95％乙醇将主要成分提取出来，进行薄层色谱分析，并与纯组分的 R_f 比较。由于组分本身无色，显色时，需要通过紫外灯显色或碘显色。

阿司匹林　　　　　非那西汀　　　　　咖啡因

【实验试剂】

薄层色谱硅胶 GF_{254}，0.5％羧甲基纤维素钠水溶液，APC 镇痛片，1％阿司匹林的 95％乙醇溶液，1％非那西汀的 95％乙醇溶液，1％咖啡因的 95％乙醇溶液，95％乙醇，无水乙醚，二氯甲烷，冰醋酸。

【实验步骤】

1. 薄层板的制备

取 100mm×25mm 的玻璃片 4 决，洗净晾干。在小烧杯中放入 2.5g 硅胶 GF_{254}、7mL 0.5％的羧甲基纤维素钠水溶液，调成糊状（在平铺玻璃板上能晃动但不能流动），均匀地铺在 4 块玻璃板上。为使其摊平，可将玻璃片用手端平晃动，至平摊为止。在室温晾干后，放入烘箱中缓慢升温至 110℃，恒温 0.5h，取出，置干燥器中备用。

2. APC 主要成分的提取

取镇痛药片 APC 半片，用不锈钢铲研成粉状。取一滴管，用少许棉花塞住其细口部，然后将粉状 APC 转入其中。另取一只滴管，将 25mL 95％乙醇滴入盛有 APC 的滴管中，流出的萃取液收集于一小试管中。

3. 点样

取三块制好的薄层板，用一根内径 1mm 的毛细管，吸取适量提取液，轻轻地点在距薄层板一端 1.5cm 处，每块板上点两个样点，两点相距 1cm 左右，分别为 APC 的提取液和 1％阿司匹林的 95％乙醇溶液、1％非那西汀的 95％乙醇溶液、1％咖啡因的 95％乙醇溶液三个标准样品。若一次点样不够，可待样品溶剂挥发后，再在原处点第二次，但点样斑点直径不得超过 2mm。

4. 展开

先在层析缸中放入展开剂（无水乙醚 5mL、二氯甲烷 2mL、冰醋酸 7 滴的混合溶液），加盖使缸内蒸气饱和 10min，再将薄层板斜靠于层析缸内壁。点样端接触展开剂但样点不能浸没于展开剂中，密闭层析缸。待展开剂上升到距薄层板另一端约 1cm 时，取出平放，用铅笔或小针划前沿线位置，晾干或用电吹风吹干薄层板。

5. 显色

将干后的薄层板放入 254nm 紫外分析仪中显色，可清晰地看到展开得到的粉红色斑点，用铅笔把其画出，求出每个点的 R_f，并将未知物与标准样品比较。也可把以上的薄层板再置于放有几粒碘结晶的广口瓶内，盖上瓶盖，直至薄层板上暗棕色的斑点明显时取出，并与先前在紫外灯下观察做出的记号比较。

6. 计算 APC 提取液中各组分的 R_f 值（见图 2-31 R_f 计算示意图）。

计算 APC 提取液中各组分的 R_f 值，并与标准样对比。

有兴趣的同学，可以通过改变展开剂比例或展开剂种类，考察展开体系与分离效果之间的关系。

【实验注意事项】
1. 制板时注意使板上硅胶厚度尽量一致。
2. 点样时注意控制斑点不能太大。
3. 点样端的样品一定不能浸没在展开剂中。

【实验思考题】
1. 在一定的操作条件下为什么可利用 R_f 值来鉴定化合物？
2. 在混合物薄层色谱中，如何判定各组分在薄层板上的位置？
3. 展开剂的高度若超过了点样线，对薄层色谱有何影响？

第5章 有机化合物制备实验

5.1 基础有机合成实验

5.1.1 卤代烃的制备

实验1 溴乙烷的制备

【实验目的】
1. 学习由醇制备卤代烷的原理和方法。
2. 学习蒸馏、洗涤等实验基本操作及分液漏斗的使用方法。
3. 学习用红外光谱表征产品的方法。

【实验原理】
醇和氢卤酸的反应是一个可逆反应。为了使反应平衡向生成卤代烷的方向移动,可以增加醇或氢卤酸的浓度,也可以设法不断地除去生成的卤代烷或水,或两者并用。在制备溴乙烷时,常采用溴化钠-硫酸法制备。在增加乙醇用量的同时,把反应中生成的低沸点的溴乙烷及时地从反应混合物中蒸馏出来。

主反应:
$$NaBr + H_2SO_4 \longrightarrow HBr + NaHSO_4$$
$$CH_3CH_2OH + HBr \rightleftharpoons CH_3CH_2Br + H_2O$$

副反应:
$$CH_3CH_2OH \xrightarrow{H_2SO_4} CH_2=CH_2 + CH_3CH_2OCH_2CH_3 + H_2O$$
$$2HBr + H_2SO_4 \longrightarrow Br_2 + SO_2 + 2H_2O$$

【实验试剂】
浓硫酸 10mL(0.19mol, $d=1.84$g·mL^{-1}),95%乙醇 5mL(0.086mol),无水溴化钠 7.7g(0.075mol),饱和亚硫酸氢钠溶液。

【实验步骤】
1. 溴乙烷的制备
在 50mL 圆底烧瓶中加入 5mL 95%乙醇及 5mL 水,在不断振荡和冷水冷却下,缓缓加入 10mL 浓硫酸，混合物用冷水冷至室温后，加入 7.7g 研成细粉状的溴化钠，振荡混合均匀后，加入沸石，用常压蒸馏装置进行蒸馏。接收瓶内放入少量冰水并浸入冰水浴中，使接引管的末端刚好与冰水接触，以防止产品挥发损失。接引管的支管用橡皮管导入下水道或室外。将反应混合物在石棉网上先用小火加热蒸馏，使反应平稳发生，约 30min 后，慢慢加大火焰，到无油滴蒸出为止。馏出物为乳白色油状物，沉于瓶底。停止加热，趁热将反应瓶内的硫酸氢钠倒入废液缸内，以免冷却结块而给清洗带来困难。

2. 溴乙烷的纯化

将馏出液倒入分液漏斗中静置分层，分出的有机层置于干燥的锥形瓶，将锥形瓶放在冰水浴中，边振荡边滴加浓硫酸（约 1~2mL），直至锥形瓶底分出硫酸层为止。用干燥的分液漏斗分去硫酸层。将溴乙烷粗产品倒入干燥的圆底烧瓶中，加入沸石，水浴加热蒸馏，接收瓶外用冰水浴冷却，收集 37~40℃的馏分。称重。

3. 测折射率

用阿贝折光仪测定产品折射率，并与文献值进行比较，分析产品的质量。指出其红外光谱图中官能团特征峰的归属。

纯溴乙烷的文献值：沸点 38.4℃，折射率 n_D^{20} 1.4239。图 5-1 为溴乙烷的红外光谱图。

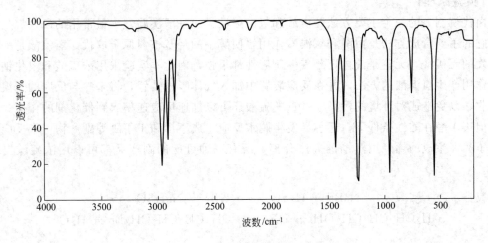

图 5-1　溴乙烷的红外光谱图

【实验注意事项】

1. 加浓硫酸要边加边摇边冷却，充分冷却后（在冰水浴中）再加溴化钠，以防反应放热冲出。

2. 加溴化钠时尽量防止溴化钠固体黏附在烧瓶磨口处。如果不慎粘上，可用纸擦拭干净。否则会影响反应装置的密闭性，使溴乙烷逃逸而降低产率。

3. 开始加热时常有泡沫产生，加热过快容易使反应物冲出，而且加热太快还会导致硫酸把 HBr 氧化为 Br_2，同时增加副产物乙醚和乙烯的生成。

4. 接引管应刚刚浸没在接收瓶的冰水中，否则容易发生倒吸。

5. 如果在加热之前没有把反应混合物摇匀，反应时极易出现暴沸使反应失败。

6. 精制时要先彻底分去水，冷却条件下加硫酸，否则加硫酸产生热量使产物挥发损失。

7. 在反应过程中，既不要反应时间不够，也不要蒸馏时间太长，将水过分蒸出造成硫酸氢钠凝固在烧瓶中。

【实验思考题】

1. 合成溴乙烷时反应混合物中加水的目的是什么？如果不加水，会有什么结果？
2. 接引管的支口用橡皮管导入下水道或室外，为什么？
3. 粗产物中会有什么杂质，是如何除去的？
4. 粗产品溴乙烷中呈棕红色是什么原因，应该如何处理？
5. 造成本实验产量不高的主要原因是什么？根据哪种原料计算产率？

实验2　1-溴丁烷的制备

【实验目的】

1. 学习 1-溴丁烷制备的原理和方法。
2. 学习带有吸收有害气体装置的回流操作。
3. 进一步熟悉巩固洗涤、干燥和蒸馏操作。

【实验原理】

卤代烷制备的一个主要方法是由醇和氢卤酸反应。一般实验室中最常用的卤代烷是溴代烷。它的主要合成方法是由醇和氢溴酸作用，使醇中的羟基被溴原子取代。氢溴酸是一种极易挥发的无机酸，无论是液体还是气体刺激性都很强，因此本实验采用浓硫酸和溴化钠或溴化钾作用产生氢溴酸的方法，并在反应装置中加入气体吸收装置，将未参与反应的氢溴酸气体吸收，以免造成对环境的污染。过量的硫酸还可以加速反应速率起到催化剂的作用。

但正丁醇在酸性条件下，还容易发生脱水反应生成丁烯和正丁醚等副产物。未反应的原料正丁醇和生成的烯烃用蒸馏的方法分离，所有三种可能的副产品都可以用浓硫酸提取而除去。

主反应：
$$NaBr + H_2SO_4 \longrightarrow HBr + NaHSO_4$$
$$CH_3CH_2CH_2CH_2OH + HBr \rightleftharpoons CH_3CH_2CH_2CH_2Br + H_2O$$

副反应：
$$CH_3CH_2CH_2CH_2OH \xrightarrow{H_2SO_4} CH_3CH_2CH=CH_2 +$$
$$CH_3CH_2CH_2CH_2OCH_2CH_2CH_2CH_3 + H_2O$$
$$2HBr + H_2SO_4 \longrightarrow Br_2 + SO_2 + 2H_2O$$

【实验试剂】

正丁醇 6.2mL（5.0g，0.068mol），无水溴化钠 8.3g（0.08mol），浓硫酸 10mL（0.19mol），10%碳酸钠溶液，无水氯化钙，5%的氢氧化钠溶液。

【实验步骤】

1. 1-溴丁烷的制备

将 6.2mL 正丁醇、8.3g 研细的溴化钠加入到 50mL 圆底烧瓶中，加入沸石。烧瓶上装一回流冷凝管。另外，在一个小锥形瓶内加入 10mL 水，在冷水浴中冷却，一边摇荡，一边慢慢地加入 10mL 浓硫酸。将 1∶1 稀释的浓硫酸分 3～4 次从冷凝管上端加入烧瓶，每次加入都要充分振荡烧瓶，使反应物混合均匀。在冷凝管上口连接一气体吸收装置，用 5%的氢氧化钠溶液作吸收剂。用小火慢慢加热到沸腾，在此期间要不断地摇动烧瓶，使反应物充分接触。保持回流 30~40min。

反应完成后，稍冷却。将反应装置改为粗蒸馏装置[见图 5-2(b)]，再加入沸石加热蒸出粗产物 1-溴丁烷，仔细观察馏出液，直到无油滴蒸出为止。

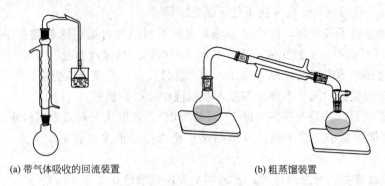

(a) 带气体吸收的回流装置　　　　(b) 粗蒸馏装置

图 5-2　1-溴丁烷的制备装置

2. 1-溴丁烷的纯化

将馏出液倒入小分液漏斗中，加等体积的水洗涤，静置，分层。将油层从下面分入一个干燥的锥形瓶中，将其置于冷水浴中，然后用 3mL 浓硫酸分两次加入瓶内，每加一次都要摇匀锥形瓶。将混合物慢慢倒入分液漏斗中，静置分层，放出下层的浓硫酸。油层依次用等体积的水、10%碳酸钠溶液和水洗涤。将下层的粗 1-溴丁烷放入干燥的小锥形瓶中，加入无水氯化钙干燥，间歇振荡锥形瓶，直到液体澄清为止。

将干燥后的 1-溴丁烷粗产品倒入圆底烧瓶中（注意氯化钙不要掉入烧瓶内），加入沸石，安装好蒸馏装置，在石棉网上用小火加热蒸馏，收集 99~102℃ 的馏分。称重。

3. 测折射率

用阿贝折光仪测定产品折射率，并与文献值进行比较，分析产品的质量。指出其红外光谱图中官能团特征峰的归属。

纯 1-溴丁烷的文献值：沸点 101.6℃，折射率 n_D^{20} 1.4399。图 5-3 为 1-溴丁烷的红外光谱图。

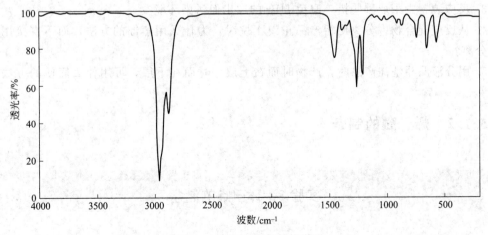

图 5-3　1-溴丁烷的红外光谱图

【实验注意事项】

1. 如用含结晶水的溴化钠（$NaBr \cdot 2H_2O$），可按物质的量进行换算，并相应地减少加入的水量。溴化钠加入圆底烧瓶时不要黏附在液面以上的烧瓶壁上。

2. 按操作要求的顺序加料。即先加入正丁醇、溴化钠再分批加入稀释的浓硫酸。

3. 从冷凝管上口加入已充分稀释、冷却的硫酸时,每加一次都要充分振荡,混合均匀。否则,因放出大量的热而使反应物氧化,颜色变深。

4. 开始加热时不要过猛,应小火加热至沸,否则回流时反应液的颜色很快变深(橙黄或橙红色),甚至会产生少量炭渣。操作情况良好时油层仅呈浅黄色。

5. 反应过程中不时摇动烧瓶,或加入磁力搅拌反应,促使反应完全。

6. 气体吸收装置的漏斗不能全部浸入吸收液中,以防倒吸。

7. 正溴丁烷粗产品是否蒸完(即75°弯管蒸馏),可以从下列几方面判断:

(1) 看蒸馏烧瓶中正溴丁烷层(即油层)是否完全消失,若完全消失,说明蒸馏已达终点。

(2) 看冷凝管的管壁是否透明,若透明则表明蒸馏已达终点。

(3) 取一表面皿收集几滴馏出液,加入少量水摇荡,观察有无油珠出现。若没有,表明蒸馏已达终点。

8. 馏出液分为两层,通常下层为粗 1-溴丁烷(油层),上层为水。若未反应的正丁醇较多,或因蒸馏过久而蒸出一些氢溴酸恒沸液,则液层的相对密度发生变化,油层可能悬浮或变为上层。所以一定要等洗涤完成后才可将废液倒掉。

9. 用浓硫酸洗涤粗产物时,一定先将油层与水层彻底分开,否则浓硫酸会被稀释而降低洗涤效果。

10. 油层如呈红棕色,系含有游离的溴。此时可用溶有少量亚硫酸氢钠的水溶液洗涤以除去溴。其反应式为

$$Br_2 + NaHSO_3 + H_2O \longrightarrow 2HBr + NaHSO_4$$

【实验思考题】

1. 本实验制备反应后的粗产物可能含有哪些杂质,各步洗涤的目的何在?
2. 反应时硫酸的浓度太高或太低会有什么结果?
3. 反应装置中采取哪些措施避免 HBr 的逸出而污染环境?
4. 从反应混合物中分离出粗产品正溴丁烷时,为什么用蒸馏的方法,而不直接用分液漏斗分离?
5. 用分液漏斗洗涤产品时,产物时而在上层,时而在下层,可用什么简便的方法加以判断?

5.1.2 烯、醚的制备

实验 3 环己烯的制备

【实验目的】

1. 学习、掌握由环己醇制备环己烯的原理及方法。
2. 了解分馏的原理及实验操作。

3. 练习并掌握蒸馏、分液、干燥等实验基本操作方法。

【实验原理】

环己烯可以由环己醇为原料，在酸性催化剂的作用下经分子内脱水而制备。

主反应

$$\text{环己醇} \xrightleftharpoons{85\% H_3PO_4} \text{环己烯} + H_2O$$

副反应

$$2\text{环己醇} \xrightleftharpoons{85\% H_3PO_4} \text{二环己醚} + H_2O$$

主反应为可逆反应，本实验采用分馏装置，控制柱顶温度不超过 73℃。边反应边蒸出反应生成的环己烯和水形成的二元共沸物。避免环己醇和水、环己醇和环己烯形成共沸物蒸出。使平衡向右移动，提高产率。

反应采用 85% 的磷酸为催化剂，而不用浓硫酸作催化剂，是因为磷酸氧化能力较硫酸弱得多，减少了氧化副反应。

【实验试剂】

环己醇 5mL(4.8g, 0.048mol)，85% H_3PO_4 2.5mL(0.04mol)，饱和食盐水，无水氯化钙。

【实验步骤】

1. 环己烯的制备

在 25mL 干燥的圆底烧瓶中，放入 5mL 环己醇、2.5mL 85% 磷酸，充分振摇使反应物混合均匀。投入几粒沸石，安装分馏反应装置。将烧瓶在石棉网上用小火慢慢加热至沸腾，控制加热速度使分馏柱上端的温度不要超过 73℃，蒸出液为浑浊液（主要有哪些物质？）。当无液体蒸出或柱顶温度开始下降时，加大火焰，继续蒸馏。当温度计读数超过 85℃，或烧瓶中只剩下很少量的残液并出现阵阵白雾时，即可停止加热。全部蒸馏时间约需 40min。

2. 环己烯的纯化

将收集的浑浊液，倒入小分液漏斗中，静置分层，分去水层，向分液漏斗中加入等体积的饱和食盐水，充分振摇后静止分层，分去水层（洗涤微量的酸，产品在哪一层？）。将下层水溶液自漏斗下口放出、上层的粗产物自漏斗的上口倒入干燥的小锥形瓶中，加入无水氯化钙干燥，至液体完全澄清透明。

将干燥后的粗制环己烯滤入干燥的 25mL 圆底烧瓶中，加入几粒沸石，在水浴上进行蒸馏，所用的蒸馏仪器必须是干燥的。收集 82~85℃ 的馏分，称重。

3. 测折射率

用阿贝折光仪测定产品折射率，并与文献值进行比较，分析产品的质量。指出其红外光谱图中官能团特征峰的归属。

纯环己烯的文献值：沸点 82.95℃，折射率 n_D^{20} 1.4465。图 5-4 为环己烯的红外光谱图。

【实验注意事项】

1. 环己醇在常温下是黏稠状液体，因而用量筒量取时应避免转移中的损失。
2. 最好用油浴加热，使反应物受热均匀。
3. 磷酸有一定的氧化性，加完磷酸要摇匀后再加热，否则反应物会被部分氧化。
4. 环己醇、水和环己烯皆能形成二元恒沸混合物。如表 5-1 所示，因此在加热时温度不可过高，蒸馏速度不宜太快，以减少未反应的环己醇蒸出。

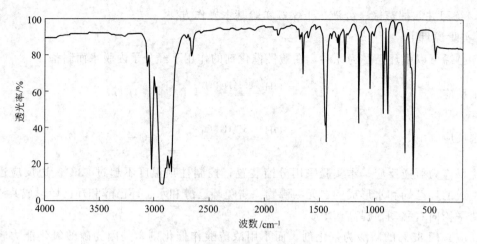

图 5-4　环己烯的红外光谱图

表 5-1　环己醇、水和环己烯形成的二元恒沸混合物的沸点和组成

试剂	沸点/℃		恒沸物的组成/%
	组分	恒沸物	
环己醇 水	160.5 100.0	97.8	20.0 80.0
环己烯 水	83.0 100.0	70.8	90.0 10.0
环己醇 环己烯	160.5 83.0	64.9	30.5 69.5

5. 收集和转移环己烯时，最好保持充分冷却以免因挥发而造成损失。

6. 水层应尽可能分离完全，否则将增加无水氯化钙的用量，使产物更多地被干燥剂吸附而导致损失。

7. 产品是否澄清透明，是衡量产品合格的外观标准，因此在蒸馏已干燥的产物时，蒸馏所用仪器都应充分干燥。

【实验思考题】

1. 在纯化环己烯时，用等体积的饱和食盐水洗涤，而不用水洗涤，目的何在？
2. 用磷酸脱水比用浓硫酸脱水有什么优点？
3. 在蒸馏产物时，若在80℃以下有较多液体蒸出，这是什么原因？如何避免？
4. 如果实验产率太低，试分析主要是在哪些操作步骤中造成损失？
5. 使用无水氯化钙作为干燥剂应注意什么？本实验为何用无水氯化钙作干燥剂？

实验 4　正丁醚的制备

【实验目的】

1. 掌握醇分子间脱水制备醚的反应原理和实验方法。
2. 学习使用分水器的基本操作。

【实验原理】

脂肪族单醚通常由两分子醇在酸性脱水剂存在下共热制备。醇双分子脱水制醚的方法一般适用于低级伯醇合成单醚，用仲醇合成醚时，产量不高，用叔醇时，主要发生脱水反应生成烯烃。

实验室常用浓硫酸做脱水剂。由于酸催化下的反应为可逆，为使醇分子脱水向生成醚的方向进行，通常采用蒸出反应产物醚或水的方法。如乙醇先和等物质的量的硫酸反应，生成酸性硫酸乙酯，后者再与乙醇反应，生成乙醚，并被不断蒸出反应体系；在制备正丁醚时，因原料正丁醇（沸点117℃）和产物正丁醚（沸点142℃）的沸点都很高，所以可使反应在装有分水器的回流装置中进行，控制加热温度，将生成的水或水的共沸物不断从反应体系中蒸出，使反应平衡向生成产物的方向移动。

但醇类在较高温度下还能被浓硫酸脱水生成烯烃。为减少该副反应，操作时必须特别注意反应温度的控制。用浓硫酸做脱水剂，由于它有氧化作用，往往生成少量氧化产物和二氧化硫。

本实验以浓硫酸为脱水催化剂，使正丁醇发生双分子脱水成醚反应。即：

$$2CH_3CH_2CH_2CH_2OH \xrightleftharpoons[135℃]{H_2SO_4} CH_3CH_2CH_2CH_2OCH_2CH_2CH_2CH_3 + H_2O$$

副反应：

$$CH_3CH_2CH_2CH_2OH \xrightarrow[\triangle]{H_2SO_4} C_4H_8 + H_2O$$

【实验试剂】

正丁醇 13.5mL(10.9g，0148mol)，浓硫酸 2.5mL(0.05mol)，无水氯化钙，5%氢氧化钠溶液，饱和氯化钙溶液。

【实验步骤】

1. 正丁醚的制备

在 50mL 三口烧瓶中，加入 13.5mL 正丁醇、2.5mL 浓硫酸和少量沸石，混合均匀后，烧瓶一口装上温度计，温度计水银球插入液面以下，中间口装上分水器，分水器的上端接回流冷凝管，另一侧口用磨口塞子塞住。先在分水器内放置 (V-1.6)mL 水，然后将三口瓶放在石棉网上小火加热至微沸。反应中产生的水经冷凝后收集在分水器的下层，上层有机相积至分水器支管时，即可返回烧瓶。大约经 1.5h 后，三口瓶中反应液温度可达 134~136℃。当分水器全部被水充满时停止反应。若继续加热，则反应液变黑并有较多副产物烯烃生成（若反应液分层不明显，最好把反应液粗蒸馏，收集蒸出的油状有机物，再接着做下面的纯化步骤）。

2. 正丁醚的纯化

将反应液冷却到室温后倒入盛有 25mL 水的分液漏斗中，充分振摇，静置后弃去下层液体。上层粗产物依次用 12mL 水、8mL 5%氢氧化钠溶液、8mL 水和 8mL 饱和氯化钙溶液洗涤，用无水氯化钙干燥。干燥后的产物滤入 25mL 圆底烧瓶中蒸馏，收集 140~144℃馏分，称重。

3. 测折射率

用阿贝折光仪测定产品折射率，并与文献值进行比较，分析产品的质量。

纯正丁醚的文献值：沸点 142.4℃，折射率 n_D^{20} 1.3992。图 5-5 为正丁醚的红外光谱图。

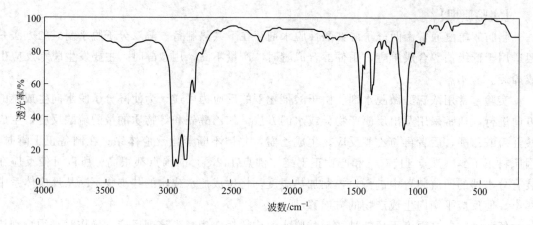

图 5-5　正丁醚的红外光谱图

【实验注意事项】

1. 加入浓硫酸后须振荡，以使反应物混合均匀。

2. 在分水器中预先加水，其水面略低于分水器回流支管下沿（加水量须计量），以保证醇能及时回到反应体系继续参加反应。本实验根据理论计算反应生成水的体积为 1.5mL，实际分出的水，体积略大于计算量。故分水器放满水后先放掉约 1.6mL 水。**注意：只要水不回流到反应体系中就不要放水。**

3. 制备正丁醚的较宜温度是 130～140℃，但开始回流时，这个温度很难达到，因为正丁醚可与水形成共沸物（沸点 94.1℃，含水 33.4%）；另外，正丁醚与水及正丁醇形成三元共沸物（沸点 90.6℃，含水 29.9%，正丁醇 34.6%），正丁醇也可与水形成共沸物（沸点 93℃，含水 44.5%），故应在 100～115℃之间反应 0.5h 之后可达到 130℃以上。

4. 在碱洗过程中，不要太剧烈地摇动分液漏斗，否则生成乳浊液，分离困难。一旦形成乳浊液，可加入少量食盐等电解质，使之分层。

【实验思考题】

1. 如何得知反应已经比较完全？

2. 反应物冷却后为什么要倒入 25mL 水中？各步的洗涤目的何在？

3. 如果最后蒸馏前的粗产品中含有丁醇，能否用分馏的方法将其除去？

4. 能否用本实验方法由乙醇和 2-丁醇制备乙基仲丁基醚？你认为用什么方法比较好？

5.1.3　醇的制备

实验 5　2-甲基-2-己醇的制备

【实验目的】

1. 掌握 2-甲基-2-己醇的制备原理和方法。

2. 掌握无水操作、格氏试剂制备方法以及滴加等实验操作。

【实验原理】

醇是有机合成中应用极广的一类化合物，其制法很多。简单的醇在工业上利用水煤气合成、淀粉发酵、烯烃水合及易得卤代烃的水解等反应来制备。实验室各种结构复杂的醇主要是通过Grignard反应来制备。

由卤代烷和溴代芳烃与金属镁在无水乙醚中反应生成烃基卤化镁,即Grignard试剂。

$$RX + Mg \xrightarrow{\text{干醚}} RMgX$$

乙醚在试剂的制备中有重要作用,醚分子中氧上的孤对电子可以和试剂中带部分正电荷的镁作用,生成配合物:

$$\begin{array}{c} R \\ | \\ H_5C_2 \quad \quad C_2H_5 \\ \quad :O:Mg:O: \\ H_5C_2 \quad \quad C_2H_5 \\ | \\ X \end{array}$$

乙醚的溶剂化作用使有机镁化合物更稳定,并能溶解于乙醚。此外,乙醚价格低廉,沸点低,反应结束后容易将其除去。芳香和乙烯型氯化物,则需用四氢呋喃(沸点66℃)为溶剂,才能发生反应。

Grignard试剂中,碳-金属键是极化的,带部分负电荷的碳具有显著的亲核性,在增长碳链的方法中有重要用途,其最重要的性质是与醛、酮、羧酸衍生物、环氧化合物、二氧化碳及腈等发生反应,生成相应的醇、羧酸和酮等化合物。反应所产生的卤化镁配合物,通常由冷的无机酸水解,即可使有机化合物游离出来。对强酸敏感的醇类化合物可用氯化铵溶液进行水解。

Grignard试剂的制备必须在无水条件下进行,所用仪器和试剂均需干燥,因为微量水分的存在抑制反应的引发,而且会分解形成的Grignard试剂而影响产率:

$$RMgX + H_2O \longrightarrow RH + Mg(OH)X$$

此外,Grignard试剂还能与空气中的氧和二氧化碳作用及发生偶合反应:

$$2RMgX + O_2 \longrightarrow 2ROMgX$$

$$RMgX + RX \longrightarrow R-R + MgX_2$$

故Grignard试剂不能较长时间保存。研究工作中,需在惰性气体(氮、氩气)保护下进行反应。用乙醚作溶剂时,由于醚的较高的蒸气压可以排除反应器中大部分空气。用活泼的卤代烃和碘化物制备Grignard试剂时,偶合反应是主要的副反应,可以采取搅拌、控制卤代烃的滴加速度和降低溶液浓度等措施减少副反应的发生。

Grignard试剂的制备反应是一个放热反应,所以卤代烃的滴加速度不宜过快,必要时可用冷水冷却。当反应开始后,应调节滴加速度,使反应物保持微沸为宜。对活性较差的卤化物或反应不易发生时,可采用加入少许碘粒或事先已制好的Grignard试剂引发反应发生。

反应式:$n\text{-}C_4H_9Br + Mg \xrightarrow{\text{无水乙醚}} n\text{-}C_4H_9MgBr$

$$n\text{-}C_4H_9MgBr + CH_3\overset{O}{\overset{\|}{C}}CH_3 \xrightarrow{\text{无水乙醚}} n\text{-}C_4H_9\underset{\underset{OMgBr}{|}}{C}(CH_3)_2$$

$$n\text{-}C_4H_9\underset{\underset{OMgBr}{|}}{C}(CH_3)_2 \xrightarrow{H_3O^+} n\text{-}C_4H_9\underset{\underset{OH}{|}}{C}(CH_3)_2$$

【实验试剂】

镁屑1.03g(0.043mol),正溴丁烷5.7g(4.5mL,约0.043mol),丙酮2.6g(3.3mL,

0.047mol），无水乙醚，乙醚，10％硫酸溶液，5％碳酸钠溶液，无水碳酸钾，碘。

【实验步骤】

1. Grignard 试剂的制备

在 100mL 三口烧瓶上分别安装搅拌器、冷凝管及滴液漏斗，在冷凝管及滴液漏斗的上口安装氯化钙干燥管。瓶内放置 1.03g 镁屑、5mL 无水乙醚及一小粒碘单质。在滴液漏斗中混合 4.5mL 正溴丁烷和 5mL 无水乙醚。先向瓶内滴入约 2.0mL 混合液，数分钟后即见溶液呈微沸状态，镁屑周围出现浑浊，且碘的颜色消失（若不发生反应，可用温水浴加热），反应开始比较剧烈。待反应缓和后，自冷凝管上端加入 8mL 无水乙醚。开动搅拌，并滴入其余的正溴丁烷醚混合液。控制滴加速度维持反应液呈微沸状态。滴加完毕后，再在水浴上回流 20min，使镁屑几乎作用完全。

2. 2-甲基-2-己醇的制备

将上面制好的 Grignard 试剂在冰水浴冷却和搅拌下，自滴液漏斗中滴入 3.3mL 丙酮和 5mL 无水乙醚的混合液，控制滴加速度，勿使反应过于猛烈。加完后，在室温继续搅拌 15min。溶液中可能有白色黏稠状固体析出。

3. 2-甲基-2-己醇的纯化

将反应瓶在冰水浴冷却和搅拌下，滴液漏斗分批加入 35mL 10％硫酸溶液分解产物（开始滴入宜慢，以后可逐渐加快）。待分解完全后，将溶液倒入分液漏斗中，分出醚层。水层每次用 8mL 乙醚萃取两次，合并醚层，用 10mL 5％碳酸钠溶液洗涤一次，再用无水碳酸钾干燥。

将干燥后的粗产物醚溶液滤入 25mL 蒸馏瓶，用水浴蒸去乙醚，再在石棉网上直接加热蒸出产品，收集 137～141℃ 馏分，称量并计算产率。

4. 测折射率

用阿贝折光仪测定产品折射率，并与文献值进行比较，分析产品的质量。

纯 2-甲基-2-己醇的文献值：沸点 143℃，折射率 n_D^{20} 1.4175。图 5-6 为 2-甲基-2-己醇的红外光谱图。

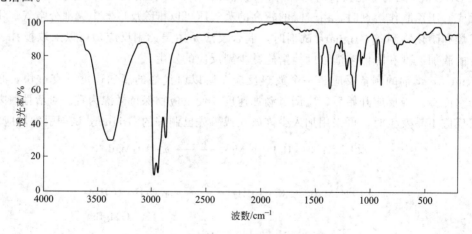

图 5-6 2-甲基-2-己醇的红外光谱图

【实验注意事项】

1. 本实验所用仪器及试剂必须充分干燥。正溴丁烷用无水氯化钙干燥并蒸馏纯化；丙酮用无水碳酸钾干燥，也经蒸馏纯化。

所用仪器，在烘箱中烘干后，取出稍冷即放入干燥器中冷却，或将仪器取出后，在开口处用塞子塞紧，以防止在冷却过程中玻璃内壁吸附空气中的水分。

2. 本实验的搅拌棒需密封，安装搅拌器时应注意：

(1) 搅拌棒应保持垂直，其末端不要触及瓶底。

(2) 装好后应先用手旋动搅拌棒，试验装置无阻滞后，方可开动搅拌器。

(3) 若采用简易密封装置，应用石蜡油润滑之。

3. 镁屑不宜采用长期放置的。若用镁条要先用砂纸将表面氧化膜去掉后再剪碎使用。镁与卤代烷反应时放出的热量足以使乙醚沸腾。根据乙醚沸腾的情况，即可判断反应进行得是否剧烈。溴乙烷的沸点很低，如果沸腾得太厉害，它会从冷凝管上口逸出而损失掉。

4. 为了使开始时溴丁烷局部浓度较大，易于发生反应，故搅拌应在反应开始后进行。若 5min 后反应仍不开始，可用温水浴加热，或在加热前再补加一小粒碘使反应开始。

5. 2-甲基-2-己醇与水能形成共沸物，因此必须很好地干燥，否则前馏分将大大增加。

6. 由于溶液体积较大，可采取分批过滤蒸去乙醚。

【实验思考题】

1. 本实验在将 Grignard 试剂加成物水解前的各步中，为什么使用的药品和仪器必须干燥？

2. 反应未开始前能否加入大量正溴丁烷？

3. 本实验有哪些可能的副反应，如何避免？

4. 本实验得到的粗产物能否用无水氯化钙干燥？为什么？

5. 用 Grignard 反应制备 2-甲基-2-己醇，还可以采用什么原料？写出反应式并对不同的合成路线加以比较。

实验 6　二苯甲醇的制备

【实验目的】

1. 学习制备二苯甲醇的实验原理和方法。

2. 巩固重结晶操作技术。

【实验原理】

二苯甲酮可以通过多种还原剂还原得到二苯甲醇，在碱性醇溶液中用锌粉还原是生成二苯甲醇的常用方法，适用于中等规模的实验室制备，对于小量合成，硼氢化钠是更理想的还原剂。1mol 硼氢化钠理论上可还原 4mol 的羰基。

$$4(C_6H_5)_2C=O + NaBH_4 \longrightarrow Na^+B^-[OCH(C_6H_5)_2]_4$$

$$Na^+B^-[OCH(C_6H_5)_2]_4 \xrightarrow{H_2O} 4(C_6H_5)_2CHOH$$

【实验试剂】

二苯甲酮 1.83g（0.01mol），硼氢化钠 0.23g（0.006mol），氢氧化钠，甲醇，锌粉 2g

（0.03mol），95%乙醇，无水乙醇，石油醚（60~90℃），浓盐酸。

【实验步骤】

方法一：硼氢化钠法

在装有回流冷凝管的 25mL 圆底烧瓶中加入 1.83g 二苯甲酮和 8mL 甲醇，摇动使其完全溶解。迅速称取 0.23g 硼氢化钠加入烧瓶中，摇动使其完全溶解。反应液自然升温至沸腾，在室温下放置 20min 并不时振荡。加入 3mL 水，水浴加热至沸腾并保持 5min，冷却，析出晶体，抽滤，得无色针状晶体。干燥后称重。若杂质含量较高，可用石油醚（60~90℃）或环己烷重结晶。

微量法测产品熔点，并与文献值进行比较，分析产品的质量。

方法二：锌粉还原法

在装有回流冷凝管的 50mL 圆底烧瓶中加入 2.0g 氢氧化钠、1.83g 二苯甲酮、2.0g 锌粉和 20mL 95%乙醇，摇动使氢氧化钠和二苯甲酮完全溶解。水浴加热至 80℃并保温反应 2h，反应物冷却至室温，抽滤，滤饼用少量冷的无水乙醇洗涤。滤液倒入盛有 80mL 冷水的烧杯中并置于冰水浴中充分冷却，搅拌下用浓盐酸酸化至 pH=5~6，抽滤，得无色针状晶体。干燥后，用石油醚（60~90℃）或环己烷重结晶。

微量法测产品熔点，并与文献值进行比较，分析产品的质量。

纯二苯甲醇的文献值：熔点 69℃。图 5-7 为二苯甲醇的红外光谱图。

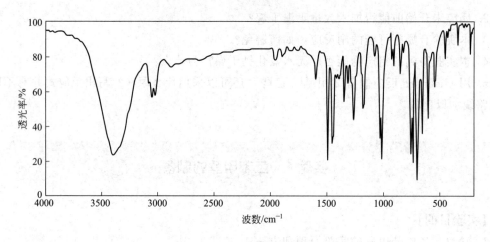

图 5-7 二苯甲醇的红外光谱图

【实验注意事项】

1. 硼氢化钠有腐蚀性，称量时勿与皮肤接触，实验开始前仪器应干燥。

2. 此实验可用氢化铝锂、锌粉等多种还原剂，但操作上略有不同，锌粉还原为非均相反应，有部分锌粉可能未溶解，需过滤除去。同时由于在碱性条件下进行，需酸化才能结晶析出产物。但酸化时溶液酸性不宜太强，否则晶体难以析出。

【实验思考题】

1. 分析用硼氢化钠还原反应后，加水并加热至沸腾的目的？

2. 说明硼氢化钠、锌粉及氢化铝锂在还原性和操作上的不同之处？

5.1.4 酮的制备

实验7　对甲基苯乙酮的制备

【实验目的】
1. 掌握对甲基苯乙酮的制备原理和方法。
2. 掌握 Friedel-Crafts 反应实验条件的控制。
3. 熟悉无水操作步骤；掌握干燥、搅拌、滴加、减压蒸馏等实验操作。

【实验原理】
Friedel-Crafts 酰基化反应是制备芳香酮的主要方法。在无水三氯化铝存在下，酰氯或酸酐与活泼的芳香族化合物发生亲电取代反应，得到高产率的芳基烷基酮或二芳基酮。

$$CH_3-C_6H_5 + (CH_3CO)_2O \xrightarrow{\text{无水 } AlCl_3} CH_3-C_6H_4-COCH_3$$

用酰氯作酰基化试剂，三氯化铝的用量要比等摩尔稍过量一些，因为三氯化铝可与酰卤和反应产物的羰基形成配合物；用酸酐做酰基化试剂，产率一般比酰氯要好，但是必须使用稍大于 2mol 的三氯化铝，因为酸酐先和三氯化铝作用：

$$(RCO)_2O + AlCl_3 \longrightarrow RCOCl + RCOOAlCl_2$$

生成的酰氯再与 $AlCl_3$ 作用生成酰基正离子或复合离子在芳环上进行亲电取代反应。$RCOOAlCl_2$ 又可与 $AlCl_3$ 作用生成 $RCOCl$：

$$RCOOAlCl_2 \xrightarrow{AlCl_3} RCOCl + RCOOAlCl$$

这样 1mol 酸酐实际上可接受 3mol $AlCl_3$，从而生成 2mol 酰基正离子或复合离子。

当芳环上存在钝化基团（如 —NO_2、—$COCH_3$、—$COOCH_3$、—CN 等）时，将不能发生酰化反应，因此，酰化反应只能引入一个酰基，产品纯度高，这是较 Friedel-Crafts 烷基化反应所具有的优点。

酰基化反应的另一个优点是反应中不存在重排，通常认为是由于酰基正离子的电荷分散而增加了自身的稳定性。

【实验试剂】
无水甲苯 20mL（约 17.3g，0.19mol），无水三氯化铝 10g（0.075mol），醋酸酐 3mL（约 3.3g，0.0315mol）；浓盐酸 25mL，5%氢氧化钠溶液，无水硫酸镁。

【实验步骤】
1. 对甲基苯乙酮的制备

在 150mL 三口烧瓶中，分别安装搅拌器、滴液漏斗及冷凝管。在冷凝管上端安装氧化钙干燥管，干燥管后面再接上氯化氢气体吸收装置。迅速称取 10g 经研碎的无水三氯化铝，放入三口烧瓶中,再加入 15mL 无水甲苯,在搅拌下滴入 3mL 醋酸酐及 5mL 无水甲苯的混合液(约 15min)。加完后,在水浴上加热 0.5h 至无氯化氢气体逸出为止。

2. 对甲基苯乙酮的纯化

将三口烧瓶冷却至室温浸于冷水浴中,在搅拌下慢慢滴入 25mL 浓盐酸与 25mL 冰水的混合液,当瓶中固体物完全溶解后,分出甲苯层。依次用等体积的水、5% 氢氧化钠溶液、水洗涤,甲苯层用无水硫酸镁干燥。将干燥后的粗产物先蒸去甲苯。当温度上升到 140℃ 左右时,停止加热,稍冷换用空气冷凝管,在石棉网上蒸馏收集 220~222℃ 的馏分或进行减压蒸馏,收集 90~94℃(0.93kPa) 的馏分。称重并计算产率。

3. 测折射率

用阿贝折光仪测定产品折射率,并与文献值进行比较,分析产品的质量。

纯对甲基苯乙酮的文献值:沸点 225℃,折射率 n_D^{20} 1.533。图 5-8 为对甲基苯乙酮的红外光谱图。

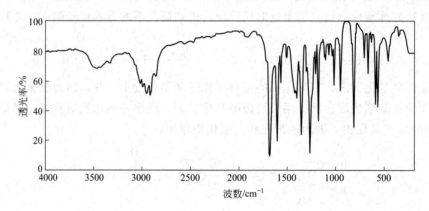

图 5-8 对甲基苯乙酮的红外光谱图

【实验注意事项】

1. 仪器必须充分干燥,否则影响反应顺利进行。装置中凡是和空气相通的地方,应安装干燥管。

2. 无水三氯化铝的质量是实验成败的关键之一。研细、称量、投料都要迅速,避免长时间暴露在空气中。为此,可以在带塞的锥形瓶中称量。

3. 冷却时要防止气体吸收装置中的水倒吸入反应瓶中。

4. 由于最终产物不多,宜选用较小的蒸馏瓶,甲苯溶液可用滴液漏斗分数次加入蒸馏瓶中。

5. 该品具有类似山楂子花的芳香,并有像紫苜蓿、蜂蜜和草莓的香味,花果香味尖锐而带甜。可用于配制金合欢型皂用香精紫丁香型香精等,亦可作食品香精。

【实验思考题】

1. 水和潮气对本实验有何影响?在仪器装置和操作中应注意哪些事项?

2. 本反应能否用硝基苯作溶剂?为什么?本实验主要副产物是什么?反应完成后为什么要加入浓盐酸和冰水的混合液?

3. 在烷基化和酰基化反应中,三氯化铝的用量有何不同?为什么?这两个反应各有什么特点?

4. 下列试剂在无水三氯化铝存在下相互作用，应得到什么产物？
①过量苯+ClCH$_2$CH$_2$Cl，②氯苯和丙酸酐，③甲苯和邻苯二甲酸酐，④甲苯和1-氯丙烷。

实验8 苯亚甲基丙酮和二苯亚甲基丙酮的制备

【实验目的】
1. 掌握利用羟醛缩合反应增长碳链的原理和方法。
2. 理解利用反应物的投料比控制反应的方法。
3. 学习和掌握结晶和重结晶等实验基本技能。

【实验原理】
两个含有活泼 α-H 的醛（或酮）在稀酸或稀碱催化下发生分子间缩合反应生成 β-羟基醛（酮），若提高反应温度，则可以进一步失去一分子水生成 α,β-不饱和醛（酮），称为羟醛缩合反应。它是合成 α,β-不饱和羰基化合物的重要方法，也是有机合成中增长碳链的重要反应。

羟醛缩合分自身缩合和交叉羟醛缩合，得到 α,β-不饱和醛酮，这种交叉的羟醛缩合称为 Claisen-Schmidt 反应，是合成侧链上含两种官能团的芳香族化合物及含几个苯环的脂肪族体系中间体的重要方法。

在丙酮和苯甲醛的交叉羟醛缩合反应中，通过改变反应物的投料比可得到两种不同产物。当丙酮与苯甲醛物质的量比大于 1∶1 时，主要产物为苯亚甲基丙酮（4-苯基-3-丁烯-2-酮）：

当丙酮与苯甲醛物质的量比为 1∶2 时，主要产物为二苯亚甲基丙酮（1,5-二苯基-1,4-戊二烯-3-酮）：

（一）苯亚甲基丙酮的制备
【实验试剂】
苯甲醛（新蒸）2.5mL（2.6g，0.025mol），丙酮 5mL（4g，0.069mol），10％氢氧化钠，2％盐酸，饱和食盐水，乙酸乙酯，无水硫酸镁。

【实验步骤】
1. 苯亚甲基丙酮的制备
在置有磁力搅拌子的 50mL 三口烧瓶上，分别装上温度计、滴液漏斗和球形冷凝管。在磁力搅拌下依次加入丙酮 5mL、水 2.5mL、10％氢氧化钠溶液 1mL，然后自滴液漏斗中逐滴加入苯甲醛（新蒸）2.5mL，控制反应温度在 25～30℃ 之间，必要时可用冷水浴冷却。

滴加完毕后继续搅拌反应1h。

2. 苯亚甲基丙酮的纯化

2%的盐酸中和反应液至中性,将混合液转移至分液漏斗中,静置,分出有机层。水层用3×10mL乙酸乙酯萃取,将萃取相与有机层合并,10mL饱和食盐水洗涤1次后用无水硫酸镁干燥,干燥后的粗产物先采用常压蒸馏(或旋转蒸发)蒸除乙酸乙酯,再减压蒸馏,收集133~143℃/16mmHg(2.13kPa)馏分,即为苯亚甲基丙酮,馏出液迅速固化。

(二)二苯亚甲基丙酮的制备

【实验试剂】

苯甲醛(新蒸)2.5mL(2.6g,0.025mol),丙酮1mL(0.73g,0.0126mol),氢氧化钠溶液,无水硫酸镁,乙醇。

【实验步骤】

1. 二苯亚甲基丙酮的制备

在置有磁力搅拌子的100mL圆底烧瓶中,加入氢氧化钠2.5g、水25mL和乙醇20mL,配制成混合溶液,水浴,保持溶液温度为25~30℃。在剧烈搅拌条件下,加入一半事先配制好的苯甲醛(新蒸)2.5mL和丙酮1mL的混合液,逐渐形成絮状沉淀。10min后,加入另外一半混合液,继续剧烈搅拌20min。抽滤,用冷水洗涤滤饼三次,尽可能除去固体中包含的碱液。干燥得粗产物。

2. 二苯亚甲基丙酮的纯化

将粗产品用无水乙醇进行重结晶。冰水冷却后抽滤,得淡黄色片状晶体。将产品放在表面皿上用红外灯干燥,测定熔点。

3. 测折射率

用阿贝折光仪测定产品折射率,微量法测产品熔点,并与文献值进行比较,分析产品的质量。

纯物质的文献值:苯亚甲基丙酮沸点42℃,折射率n_D^{20} 1.5836;二苯亚甲基丙酮熔点60℃。图5-9和图5-10分别为苯亚甲基丙酮和二苯亚甲基丙酮的红外光谱图。

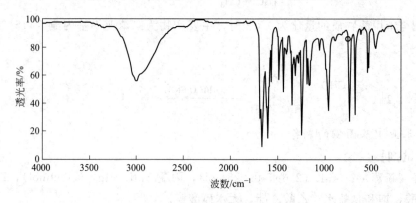

图5-9 苯亚甲基丙酮的红外光谱图

【实验注意事项】

1. 若溶液颜色不是淡黄色而呈棕红色,可加入少量活性炭脱色;苯甲醛过量会生成二苯亚甲基丙酮,丙酮过量生成苯亚甲基丙酮,这次试验主要是做成苯亚甲基丙酮。

2. 苯亚甲基丙酮烘干温度应控制在50~60℃,以免产品熔化或分解。

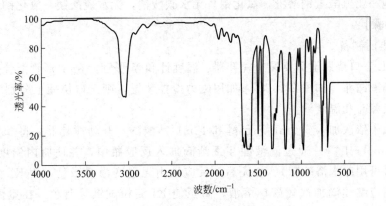

图 5-10　二苯亚甲基丙酮的红外光谱图

3. 反应温度不要太高，温度升高，副产物增多，产率下降。
4. 放置过程中应不时搅拌，使之充分反应。
5. 苯甲醛及丙酮的量应准确量取。

【实验思考题】
1. 氢氧化钠在本实验中有什么作用，若碱的浓度偏高对反应的影响？
2. 生成二苯亚甲基丙酮和苯亚甲基丙酮的反应条件及产物的区别？
3. 苯亚甲基丙酮制备时若反应生成的产品为红棕色的处理方法？

实验 9　环己酮的制备

【实验目的】
1. 学习用冰醋酸-次氯酸钠氧化法由环己醇制备环己酮的原理和方法。
2. 了解盐析效应在分离有机化合物中的应用。

【实验原理】
实验室制备醛、酮最常用的方法是将伯醇和仲醇氧化。叔醇由于醇羟基相连的碳原子上没有氢，不易被氧化。用高锰酸钾作氧化剂，在稀、冷、中性的高锰酸钾水溶液中，伯醇、仲醇难以被氧化，如在比较强烈的条件下（如加热）可被氧化，伯醇生成羧酸钾盐。仲醇氧化为酮，但易进一步被氧化，使碳碳键断裂，故很少用于合成酮。由仲醇制备酮，最常用的氧化剂为重铬酸钠与浓硫酸的混合液，但由于铬盐具有一定的毒性，本实验采用次氯酸钠的冰醋酸溶液作为氧化剂，生成的酮在此条件下比较稳定，产率也较高，因此是比较有效的制备酮的方法。

$$\underset{\text{OH}}{\bigcirc} \xrightarrow{\text{NaClO-CH}_3\text{COOH}} \underset{\text{O}}{\bigcirc}$$

【实验试剂】
试剂：环己醇 5.2mL（5g，0.05mol），冰醋酸，次氯酸钠溶液（约 $1.8\text{mol} \cdot \text{L}^{-1}$），KI-

淀粉试纸，饱和亚硫酸氢钠溶液，氯化铝，无水碳酸钠，无水硫酸镁，氯化钠。

【实验步骤】

1. 环己酮的制备

在 100mL 三口烧瓶上分别装上搅拌器、温度计和 Y 形管，在 Y 形管上分别装上回流冷凝管和恒压滴液漏斗〔如图 2-15(c)，如用磁力搅拌装置，则三口烧瓶上分别装上回流冷凝管、恒压滴液漏斗和温度计〕。

三口烧瓶中依次加入 5.2mL 环己醇和 12mL 冰醋酸。开动搅拌器，将 35mL 次氯酸钠溶液（约 $1.8 mol \cdot L^{-1}$）通过滴液漏斗逐渐滴加入反应瓶中，并使瓶内温度维持在 30～35℃（必要时可用冰水浴冷却）。加完后，反应液由无色变为黄绿色，用 KI-淀粉试纸检验呈蓝色，否则应继续滴加次氯酸钠溶液，直至使 KI-淀粉试纸呈蓝色。在室温下继续搅拌 15min，使氧化反应完全。不断搅拌下滴管逐滴加入饱和亚硫酸氢钠溶液至反应液变为无色，并对 KI-淀粉试纸呈负性试验。

2. 环己酮的纯化

向反应混合物中加入 30mL 水，进行水蒸气蒸馏（或补加沸石后在石棉网上加热蒸馏）至馏出液无油珠滴出[1]，再多蒸出 6～8mL[2]。在搅拌下向馏出液中分批加入无水碳酸钠，至反应液呈中性为止，然后加入固体 NaCl 并振荡使之变成饱和溶液（NaCl 约需 4g），将混合液倒入分液漏斗中，分出有机层，无水硫酸镁干燥，蒸馏收集 150～155℃的馏分，或减压蒸馏收集 52～56℃/2.666kPa 的馏分，称重。

3. 测折射率

用阿贝折光仪测定产品折射率，并与文献值进行比较，分析产品的质量。

纯环己酮的文献值：沸点 155.6℃，折射率 n_D^{20} 1.4520。图 5-11 为环己酮的红外光谱图。

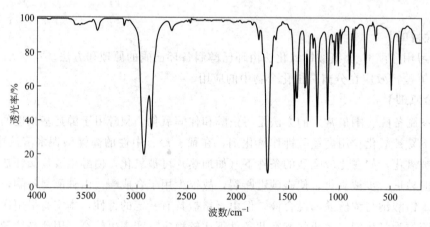

图 5-11 环己酮的红外光谱图

【实验注意事项】

1. 本实验是一个放热反应，必须严格控制反应温度。

2. 若真空不能稳定在 2.666kPa(约 20mmHg)，则使其稳定在一个尽可能接近的数值上，并据此求出应该接收的馏分沸点。

【实验思考题】

1. 用高锰酸钾的水溶液氧化环己酮，应得到什么产物？

2. 如欲将乙醇氧化成乙醛，应采用哪些措施以防止乙醛进一步被氧化成乙酸？
3. 为什么要严格控制反应温度在 30～35℃ 之间，温度过高或过低有什么不好？
4. 计算 1.8mol·L^{-1} 次氯酸钠溶液中有效氯的含量是多少？

【实验注释】

[1] 此步骤实际上是恒沸蒸馏，环己酮与水形成恒沸混合物，沸点 95℃，环己酮含量 38.4%，馏出液中还有少量乙酸。

[2] 水的馏出量不宜过多，否则不可避免地有少量环己酮溶于水而损失（环己酮在水中的溶解度在 31℃ 时为 2.4g）。

5.1.5 羧酸的制备

实验 10　香豆素-3-羧酸的合成

【实验目的】
1. 掌握 Perkin 反应原理和芳香族羟基内酯的制备方法。
2. 熟练掌握无水、结晶、抽滤、洗涤、重结晶等基本操作。

【实验原理】

香豆素（1,2-苯并吡喃酮）结构上为顺式邻羟基肉桂酸（邻香豆酸）的内酯，白色斜方晶体或结晶粉末，存在于许多天然植物中。由于最早是从香豆的种子中发现而得名。香豆素具有甜味且有香茅草的香气，是重要的香料，常用作定香剂。由于天然植物中香豆素含量很少，因而大量的是通过合成得到。1868 年，Perkin 用邻羟基苯甲醛（水杨醛）与乙酸酐、乙酸钾一起加热制得，称为 Perkin 合成法。Perkin 反应存在反应时间长、反应温度高、产率偏低等缺点。

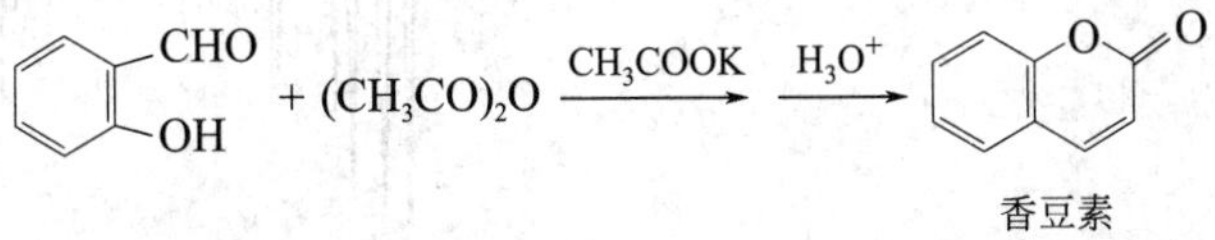

本实验采用改进的方法进行合成，以有机碱作为催化剂，水杨酸和丙二酸酯在较低的温度下合成香豆素的衍生物，称为 Knoevenagel 合成法。即水杨醛与丙二酸酯在六氢吡啶催化下缩合成香豆素-3-甲酸乙酯，再加碱使酯基和内酯均水解，然后经酸化再次闭环形成内酯，得香豆素-3-羧酸。

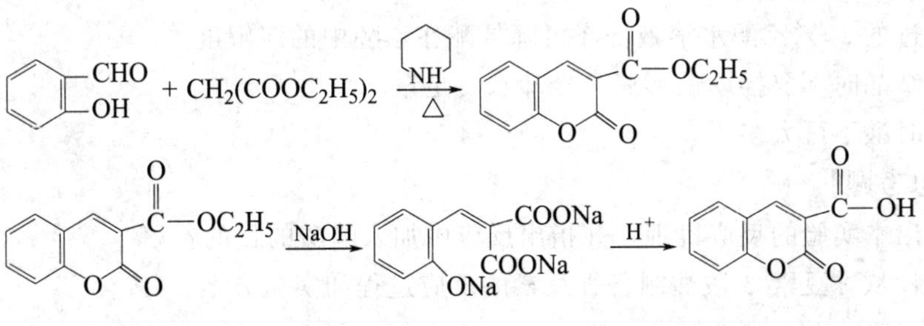

【实验试剂】

水杨醛 2.5g（2.1mL，0.02mol），丙二酸二乙酯 3.6g（3.4mL，0.023mol），无水乙醇，六氢吡啶，冰醋酸，95%乙醇，氢氧化钠，浓盐酸，无水氯化钙。

【实验步骤】

1. 香豆素-3-甲酸乙酯的制备

在干燥的 50mL 圆底烧瓶中依次加入 2.1mL 水杨醛、3.4mL 丙二酸二乙酯、15mL 无水乙醇、0.3mL 六氢吡啶、1 滴冰醋酸和少量沸石，装上配有无水氯化钙干燥管的球形冷凝管，水浴加热回流 2h，待反应液稍冷后转移到锥形瓶，加入 15mL 水，置于冰水浴冷却结晶，待结晶完全后抽滤，并用 1~2mL 冰水浴冷却过的 50%乙醇水溶液洗涤晶体 2 次，得到白色香豆素-3-羧酸乙酯粗产物，干燥产品后称重（若杂质含量较高，可用 25%的乙醇水溶液重结晶）。

2. 香豆素-3-羧酸的制备

在 50mL 圆底烧瓶中加入上述自制的 2g 香豆素-3-甲酸乙酯、1.5g NaOH、10mL 95%乙醇和 5mL 水，加入沸石，装上冷凝管，水浴加热使酯溶解，继续加热回流 15min。停止加热，将反应瓶置于温水浴中，将温热的反应液滴入盛有 5mL 浓盐酸和 25mL 水混合液的烧杯中，边滴边摇动烧杯，可观察到有白色结晶析出。滴完后，用冰水浴冷却烧杯使结晶完全，抽滤，用少量冰水洗涤产品，抽干后得粗产品，称重。

香豆素-3-羧酸粗产品可用水重结晶，测熔点、红外光谱。

纯香豆素-3-羧酸的文献值：熔点 190℃（分解）。图 5-12 为香豆素-3-羧酸的红外光谱图。

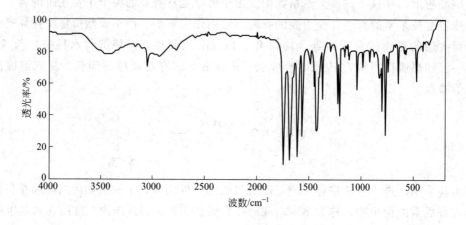

图 5-12　香豆素-3-羧酸的红外光谱图

【实验注意事项】

1. 用冰过的 50%乙醇水溶液洗涤可降低酯在乙醇中的溶解度。
2. 冷却结晶时不要摇动锥形瓶，冷却水要足量。
3. 酸化时酸不可太多。

【实验思考题】

1. 试写出本实验的反应机理，并指出反应中加入醋酸的目的？
2. 试设计从香豆素-3-羧酸制备香豆素的反应过程和实验方案。

实验 11 己二酸的制备

【实验目的】
1. 掌握环己醇氧化制备己二酸的原理。
2. 学习电动搅拌、抽滤、结晶等实验操作技术。

【实验原理】
己二酸是合成己二酰胺的反应中间体。通常可用环己醇先氧化为环己酮，再氧化为己二酸。实验过程中根据二氧化锰的不溶性和己二酸盐的水溶性分离出产物。再酸化滤液得到己二酸。

$$3 \text{ C}_6\text{H}_{11}\text{OH} + 2\text{KMnO}_4 \xrightarrow{\text{OH}^-} 3 \text{ C}_6\text{H}_{10}\text{O} + 2\text{MnO}_2 + 2\text{KOH} + 2\text{H}_2\text{O}$$

$$\text{C}_6\text{H}_{10}\text{O} + 2\text{KMnO}_4 \xrightarrow{\text{OH}^-} \begin{array}{c}\text{CH}_2\text{CH}_2\text{COOK}\\|\\\text{CH}_2\text{CH}_2\text{COOK}\end{array} + 2\text{MnO}_2 + \text{H}_2\text{O}$$

$$\begin{array}{c}\text{CH}_2\text{CH}_2\text{COOK}\\|\\\text{CH}_2\text{CH}_2\text{COOK}\end{array} \xrightarrow{2\text{H}^+} \begin{array}{c}\text{CH}_2\text{CH}_2\text{COOH}\\|\\\text{CH}_2\text{CH}_2\text{COOH}\end{array}$$

【实验试剂】
环己醇 2.1mL(0.02mol，1.95g)，高锰酸钾 7.2g(0.082mol)，10%氢氧化钠溶液，浓盐酸，亚硫酸氢钠，活性炭。

【实验步骤】

1. 己二酸的制备

在装有温度计和搅拌器的 200mL 三口烧瓶中加入 50mL 10%氢氧化钠溶液，边搅拌边加入 7.2g 高锰酸钾。在 45℃的恒温水浴中待高锰酸钾完全溶解后，用滴管缓慢滴加 2.1mL 环己醇，反应随即开始。控制滴加速度，使反应温度维持在 45~50℃。滴加完毕，保持反应温度在 45~50℃继续搅拌 25min，加热至水浴沸腾，在沸水浴上再加热 3~5min，促使反应完全，可观察到有大量二氧化锰沉淀凝结。

2. 己二酸的分离

用玻璃棒蘸一滴反应混合液点到滤纸上做点滴实验。如有高锰酸盐存在，则在棕色二氧化锰点的周围出现紫色的环，可加入少量固体亚硫酸氢钠振荡直到点滴试验呈阴性为止。趁热抽滤混合物，用少量热水洗涤滤饼 2 次，将洗涤液与滤液合并置于烧杯中，加少量活性炭煮沸脱色，趁热抽滤。将滤液转移至干净烧杯中，并在石棉网上加热浓缩至 10mL 左右，小心用滴管加入浓盐酸，调至 pH 为 1~3。继续加热至有一薄层晶膜出现时，放置冷却，结晶，抽滤，并用少量冷水仔细地两次洗涤结晶体，以除去结晶体中的无机盐（注意不要在抽滤过程中洗涤）。干燥，得己二酸白色晶体。

3. 测熔点

用微量法测产品熔点，并与文献值进行比较，分析产品的质量。
纯己二酸的文献值：熔点 153℃。图 5-13 为己二酸的红外光谱图。

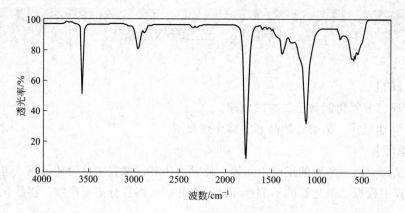

图 5-13 己二酸的红外光谱图

【实验注意事项】

1. 此反应为强放热反应，环己醇要逐滴加入，滴加速度不可太快，以免反应过于剧烈。
2. 严格控制反应温度，稳定在 45～50℃之间。
3. 用热水洗涤 MnO_2 滤饼时，每次加水量约 5mL，不可太多。
4. 用浓盐酸酸化时，要缓慢滴加，酸化至 pH=1～3。
5. 浓缩蒸发时，加热不要过猛，以防液体外溅。停止加热后，让其自然冷却、结晶。
6. 必要时可用热水作溶剂对产品进行重结晶纯化。

【实验思考题】

1. 为什么必须严格控制氧化反应的温度？
2. 在有机物制备中为什么常使用搅拌器？
3. 为什么有时实验在加入最后一个反应物前应预先加热（如本实验中先预热到 45℃）？为什么一些反应剧烈的实验，开始时的加料速度较慢？等反应开始后反而可以适当加快加料速度？
4. 粗产物为什么必须干燥后称重并最好进行熔点测定？
5. 查阅己二酸不同温度下在水中的溶解度，计算己二酸粗产品经一次重结晶后约损失多少？

温度/℃	15	34	50	70	87	100
溶解度/g·(100g 水)$^{-1}$	1.44	3.08	8.46	34.1	94.8	100

实验 12　肉桂酸的制备

【实验目的】

1. 掌握通过 Perkin 反应制备肉桂酸的方法和原理。
2. 学习水蒸气蒸馏的原理、应用范围及操作方法。
3. 掌握简单的无水操作，熟练回流、抽滤等基本实验技能。

【实验原理】

肉桂酸是生产冠心病药物"心可安"的重要中间体。其酯类衍生物是配制香精和食品香料的重要原料。在农用塑料和感光树脂等精细化工产品的生产中也有着广泛的应用。

芳醛和酸酐在碱性催化剂存在下，可发生类似羟醛缩合的反应，制得 α,β-不饱和芳香酸。称作 Perkin 反应，碱性催化剂一般是相应酸酐的钾盐或钠盐，也可用碳酸钾或叔胺代替。

本实验使苯甲醛和醋酐在无水碳酸钾的存在下发生 Perkin 反应，生成肉桂酸的钾盐，再酸化即可得肉桂酸。

$$\text{C}_6\text{H}_5\text{CHO} + (\text{CH}_3\text{CO})_2\text{O} \xrightarrow[150\sim170℃]{\text{无水 K}_2\text{CO}_3} \text{C}_6\text{H}_5\text{CH}=\text{CHCOOK} + \text{CH}_3\text{COOK}$$

$$\xrightarrow{\text{HCl}} \text{C}_6\text{H}_5\text{CH}=\text{CHCOOH}$$

【实验试剂】

试剂：苯甲醛（新蒸）1.5mL(1.6g, 0.015mol)，无水碳酸钾 2.1g(0.015mol)，乙酸酐 2.8mL(3g, 0.03mol)，碳酸钠，浓盐酸，活性炭。

【实验步骤】

1. Perkin 反应制备肉桂酸粗品

将新蒸馏过的苯甲醛 1.5mL、乙酸酐 2.8mL 和无水碳酸钾 2.1g 装入 50mL 干燥的三口烧瓶中。振荡使混合均匀，并加入几粒沸石，三口烧瓶中间口装上温度计，其中一个侧口接上空气冷凝管（管口一定不要加塞子！），另一侧口用塞子塞住。加热回流约 70min，保持回流温度为 160~170℃。反应初期由于产生二氧化碳而有泡沫。

2. 水蒸气蒸馏

将 15mL 热水加入三口烧瓶，用玻璃棒轻轻压碎瓶中固体，待反应体系稍冷，边摇动烧瓶边缓慢加入固体碳酸钠至反应液呈碱性，安装水蒸气蒸馏装置进行水蒸气蒸馏。将未反应的苯甲醛蒸出，直至馏出液中不再有油珠为止。

3. 肉桂酸的精制

撤除水蒸气蒸馏装置，稍冷却后向烧瓶中加入少量的活性炭，煮沸 5~10min，趁热抽滤。将滤液转移入干净的 200mL 烧杯中，冷却至室温后，一边搅拌一边滴加浓盐酸至溶液呈酸性（pH≈3）。用冰水浴冷却结晶完全，抽滤，滤饼用少量冰水洗涤，干燥。称重（若杂质含量较高，可用热水或体积比 3:1 乙醇/水混合溶剂重结晶）。

4. 测熔点

用微量法测产品熔点，并与文献值进行比较，分析产品的质量。

纯肉桂酸（反式异构）的文献值：熔点 133℃。图 5-14 为肉桂酸的红外光谱图。

【实验注意事项】

1. 所用仪器必须是干燥的。因乙酸酐、无水 CH_3COOK 均具吸水性，有水存在会影响反应进行。若 CH_3COOK 含水，须做预处理。方法是将含水 CH_3COOK 放在蒸发皿中加热至熔融，蒸除水分后结成固体。再强热使固体熔化，趁热倒在金属板上，冷却后研细，置于干燥器中备用。

2. 本实验所用的苯甲醛应先蒸馏，收集 170~180℃ 的馏分。若用未蒸馏过的苯甲醛代替新蒸馏的苯甲醛进行实验，产物中可能会含有苯甲酸等杂质，而后者不易从最后的产物中分离出去。另外，反应体系的颜色也较深一些。

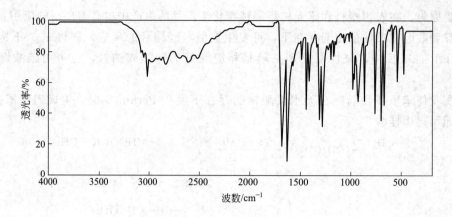

图 5-14 肉桂酸的红外光谱图

3. 加热回流时，控制反应体系呈微沸状态，防止乙酸酐蒸气蒸出，影响产率。在实验中根据具体情况，反应时间可适当延长。

4. 明确水蒸气蒸馏应用于分离和纯化时其分离对象的适用范围，保证水蒸气蒸馏顺利完成。

5. 加浓盐酸酸化前即可能有固体析出，但仍需酸化到位。

6. 肉桂酸有顺反异构体，但 Perkin 反应只能得到反式肉桂酸。

【实验思考题】

1. 可以用无水醋酸钾代替无水碳酸钾作为缩合剂，但是不能用无水碳酸钠，为什么？
2. 用水蒸气蒸馏的目的是什么？能不能用普通蒸馏代替水蒸气蒸馏？
3. 在实验中，如果原料苯甲醛中含有少量的苯甲酸，对实验结果会产生什么影响？

5.1.6 羧酸衍生物的制备

实验 13　内型双环 [2.2.1]-2-庚烯-5,6-二酸酐的制备

【实验目的】

1. 巩固萃取、重结晶操作技术。
2. 了解 Diels-Alder 反应方法。

【实验原理】

自从 1928 年 Diels 和 Alder 报道环戊二烯与顺丁烯二酸酐（马来酸酐）的环加成反应以来，双烯合成反应（也称为 Diels-Alder 反应）一直为化学家们广泛关注。此类反应，为合成六元环化合物提供了一条简单的途径，不仅产率高，而且反应的立体专一性和定位选择性都很强，为有机合成中一个十分重要的反应。

【实验试剂】

戊二环烯 2mL（1.6g，0.024mol），马来酸酐 2.0g（0.02mol），乙酸乙酯，石油醚（沸程 60~90℃）。

【实验步骤】

1. 内型双环 [2.2.1]-2-庚烯-5,6-二酸酐的制备

在干燥的 50mL 圆底烧瓶中依次加入 2g 马来酸酐和 7mL 乙酸乙酯，水浴上温热使完全溶解，然后加入 7mL 石油醚，混合均匀后置于冰水浴中冷却。加入 2mL 新蒸的环戊二烯，在冷水浴中振荡烧瓶至放热反应结束，有白色晶体析出。将反应混合物缓慢加热使固体重新溶解，再让其自然冷却，得到内型双环 [2.2.1]-2-庚烯-5,6-二酸酐白色针状晶体，结晶完全后抽滤，干燥。

2. 双环 [2.2.1]-2-庚烯-5,6-二羧酸的制备

上述得到的酸酐很容易水解为内型顺二羧酸，取 1g 产品放入 50mL 圆底烧瓶中，加入 15mL 水，安装球形冷凝管，加热至沸腾，使固体和油状物完全溶解，倒入小烧杯中。自然冷却，必要时用玻璃棒摩擦瓶壁促使结晶，得白色棱状晶体双环 [2.2.1]-2-庚烯-5,6-二羧酸。

3. 测熔点

用微量法测产品熔点，并与文献值进行比较，分析产品的质量。

纯的内型双环 [2.2.1]-2-庚烯-5,6-二酸酐的文献值：熔点为 163~164℃，图 5-15 为其红外光谱图。双环 [2.2.1]-2-庚烯-5,6-二羧酸的熔点为 178~180℃。

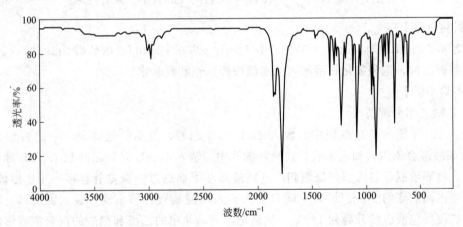

图 5-15 双环 [2.2.1]-2-庚烯-5,6-二酸酐的红外光谱图

【实验注意事项】

1. 环戊二烯易二聚生成双环戊二烯，商品出售的都是二聚体，二聚环戊二烯熔点 33.6℃，沸点 170℃（分解）。二聚环戊二烯加热时部分分解成环戊二烯，在常压下进行蒸馏时，使分馏柱顶部温度保持在 40~42℃，控制不超过 45℃，接收器用冰水浴冷却，即可转变为环戊二烯。如因接收器的潮气而呈浑浊状，加无水氯化钙干燥并尽快使用，可在低温下短期储存。冷却结晶时不要摇动小烧杯，冷却水要足量。

2. 马来酸酐易水解为二元羧酸，仪器和试剂必须干燥。

【实验思考题】

1. 环戊二烯是共轭二烯，但为什么易二聚和发生 Diels-Alder 反应？

2. 说明双环[2.2.1]-2-庚烯-5,6-二酸酐在红外谱图中羰基吸收峰的位置特点。

实验14　乙酸乙酯的制备

【实验目的】
1. 学习和掌握乙酸乙酯的制备原理和方法。
2. 掌握边滴加边蒸馏的合成反应操作。
3. 掌握滴液漏斗的应用和蒸馏、洗涤等操作技术。

【实验原理】
在少量酸（H_2SO_4 或 HCl）催化下，羧酸和醇反应生成酯，这个反应叫做酯化反应。该反应为可逆反应，为了使反应完全，一般采用大量过量的反应试剂（根据反应物的价格，过量酸或过量醇）。有时可以加入与水恒沸的物质不断从反应体系中带出水移动平衡（即减小产物的浓度）。在本实验是利用冰乙酸和乙醇反应，使乙醇过量，得到乙酸乙酯。

主反应：$CH_3COOH + CH_3CH_2OH \underset{120\sim125℃}{\overset{H_2SO_4}{\rightleftharpoons}} CH_3COOCH_2CH_3 + H_2O$

副反应：$CH_3CH_2OH \xrightarrow[>140℃]{H_2SO_4} CH_2=CH_2 + CH_3CH_2OCH_2CH_3$

【实验试剂】
冰醋酸 7.2mL(0.125mol)，95%乙醇 13mL（约0.22mol），浓硫酸 3mL(1.84g/mL)，饱和碳酸钠溶液，饱和氯化钙溶液，无水碳酸钾，饱和食盐水。

【实验步骤】
1. 乙酸乙酯的制备

在 50mL 干燥的三口烧瓶中，放入 3mL 95%乙醇，然后一边摇动，一边慢慢地加入 3mL 浓硫酸混合均匀，加入沸石。在滴液漏斗中，装入 10mL 95%乙醇和 7.2mL 冰醋酸的混合液。将滴液漏斗装入三口烧瓶侧口（滴液漏斗下端通过一橡皮管连接一个 J 形玻璃管，伸到烧瓶内离瓶底约 3mm 处），中间口依次装入蒸馏装置，另一侧口装入温度计。将三口烧瓶加热使反应液温度升高到 120℃，然后把滴液漏斗中的乙醇和醋酸的混合液慢慢滴入三口烧瓶中。调节加料的速度，使滴液速度和蒸出酯的速度大致相等，保持反应混合物的温度为 120～125℃。滴加完毕后，继续加热约 10min，直到不再有液体馏出为止。

2. 乙酸乙酯的纯化

反应完毕后，将饱和碳酸钠溶液慢慢地加入馏出液（要小量分批地加入，并不断地摇动，为什么？），直到无二氧化碳气体逸出为止。静置分层，放出下面水层。用石蕊试纸检验酯层。如果酯层仍显酸性，再用饱和碳酸钠溶液洗涤，直到酯层不显酸性为止。用等体积的饱和食盐水洗涤，再用等体积的饱和氯化钙溶液洗涤两次，放出下层废液。从分液漏斗上口将乙酸乙酯倒入干燥的小锥形瓶内，加入无水硫酸镁干燥。

用倾析法把干燥的粗乙酸乙酯倒入圆底烧瓶中。在水浴上加热蒸馏，收集 74～80℃ 的馏分。称重。

3. 测折射率

用阿贝折光仪测定产品折射率,并与文献值进行比较,分析产品的质量。

纯的乙酸乙酯的文献值:沸点 77.06℃,折射率 n_D^{20} 1.3727。图 5-16 为乙酸乙酯的红外光谱图。

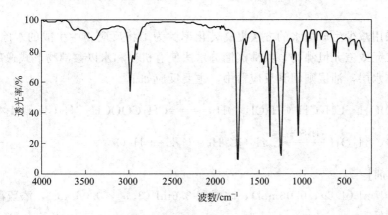

图 5-16　乙酸乙酯的红外光谱图

【实验注意事项】

1. 取反应药品的量筒一定要干燥。

2. 小火加热,控制好温度 115~125℃ (太低,反应慢;太高,副反应严重)。

3. 滴加速度和蒸馏速度大致相等,若太快,会使反应温度下降,同时也会使乙醇和乙酸来不及反应就被蒸出。

4. 洗涤时,一定要清楚有机层和水层以及各步洗涤的目的。碳酸钠须洗去,否则用饱和氯化钙溶液洗涤时,会产生絮状碳酸钙沉淀,使分离困难。

5. 粗产物中的水和醇一定要除尽,乙酸乙酯与水形成沸点为 70.4℃ 的二元恒沸混合物(含水 8.1%);乙酸乙酯、乙醇和水形成沸点为 70.2℃ 的三元恒沸混合物(含乙醇 8.4%,水 9%)。如果在蒸馏前不把乙酸乙酯中的水和乙醇除尽,就会有较多的前馏分。

【实验思考题】

1. 本实验中,硫酸起什么作用?

2. 为什么要用过量的乙醇?

3. 蒸出的粗乙酸乙酯中主要有哪些杂质?

4. 能否用浓氢氧化钠溶液代替饱和碳酸氢钠溶液来洗涤蒸馏液?

5. 用饱和氯化钙溶液洗涤,能除去什么?为什么先要用饱和食盐水洗涤?是否可用水代替?

实验 15　乙酸正丁酯的制备

【实验目的】

1. 掌握共沸蒸馏分水法的原理和分水器的使用。

2. 学习有机物折射率的测定方法。

【实验原理】

制备酯类最常用的方法是由羧酸和醇直接酯化反应。酯化反应是一个可逆反应，而且在室温下反应速率很慢。加热或加入催化剂可使酯化反应速率大大加快。同时为了使平衡向生成物方向移动，可以采用增加某种反应物的量和减少生成物水的方法，使酯化反应趋于完全。

本实验采用减少生成物水的方法提高转化率。为了将反应物中生成的水除去，利用酯、酸和水形成二元或三元恒沸物，共沸蒸馏分水法使有机物和水以共沸物形式逸出。冷凝后通过分水器分出水层，油层则回到反应器中。主要反应如下：

$$CH_3COOH + CH_3CH_2CH_2CH_2OH \xrightleftharpoons{H_2SO_4} CH_3COOCH_2CH_2CH_2CH_3 + H_2O$$

副反应：$C_4H_9OH \xrightarrow[\triangle]{H_2SO_4} C_4H_9OC_4H_9 + C_4H_8 + H_2O$

【实验试剂】

正丁醇 5.7mL(4.8g，0.06mol)，冰醋酸 3.6mL(3.7g，0.06mol)，浓硫酸，10％碳酸钠，无水硫酸镁。

【实验步骤】

1. 乙酸正丁酯的制备

在干燥的 25mL 圆底烧瓶中，装入 5.7mL 正丁醇和 3.6mL 冰醋酸，再加入 2～3 滴浓硫酸。混合均匀，加入沸石，然后安装分水器及回流冷凝管（见图 5-17），并在分水器中预先加水略低于支管口，记下预先所加水的体积[1]。在石棉网上加热回流，反应过程中生成的回流液滴逐渐进入分水器，控制分水器中水层液面在原来的高度，不至于使水溢入圆底烧瓶内。约 40min 后不再有水生成，表示反应完毕。停止加热。

2. 乙酸正丁酯的纯化

冷却后卸下回流冷凝管，将分水器中液体倒入分液漏斗，分出水层，酯层仍然留在分液漏斗中。量取分出水的总体积，减去预加入水的体积，即为反应生成的水量。把圆底烧瓶中的反应液倒入分液漏斗中，与分水器中分出的酯层合并。分别用5mL 水、5mL 10％碳酸钠液、5mL 水洗涤反应液，再用 5mL 10％的碳酸钠洗涤，检验是否仍呈酸性（如仍呈酸性怎么办？），分去水层。将酯层再用 5mL 水洗涤一次，分去水层。将有机层倒入小锥形瓶中，加少量无水硫酸镁干燥。蒸馏。收集 124～126℃的馏分。称重。

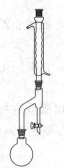

图 5-17 乙酸正丁酯的制备装置图

3. 测折射率

用阿贝折射仪测定产品折射率，并与文献值进行比较，分析产品的质量。

纯的乙酸正丁酯的文献值：沸点 126.5℃，折射率 n_D^{20} 1.3941。图 5-18 为乙酸正丁酯的红外光谱图。

【实验注意事项】

1. 冰醋酸在低温时凝结成冰状固体（熔点 16.6℃）。取用时可温水浴加热使其熔化后量取。注意不要触及皮肤，防止烫伤。

2. 在加入反应物之前，仪器必须干燥（为什么？）。

3. 浓硫酸起催化剂作用，只需少量即可。也可用固体超强酸作催化剂。

4. 当酯化反应进行到一定程度时，可连续蒸出乙酸正丁酯、正丁醇和水的三元共沸物（恒沸点 90.7℃），其回流液组成为：上层三者分别为 86%、11%、3%，下层为 1%、2%、97%。故分水时也不要分去太多的水，而以能让上层液溢流回圆底烧瓶继续反应为宜。

5. 本实验中不能用无水氯化钙为干燥剂，因为它与产品能形成配合物而影响产率。

6. 根据分出的总水量（注意扣去预先加到分水器的水量），可以粗略地估计酯化反应完成的程度。

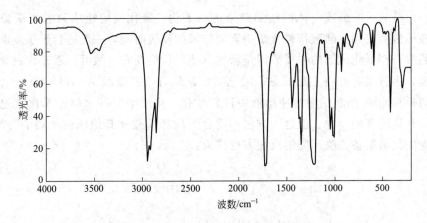

图 5-18　乙酸正丁酯的红外光谱图

【实验思考题】

1. 酯化反应有哪些特点？本实验中如何提高产品收率？又如何加快反应速率？

2. 提纯粗产品的过程中，用碳酸钠溶液洗涤主要除去哪些杂质？若改用氢氧化钠溶液是否可以？为什么？

3. 乙酸正丁酯的粗产品中，除产品乙酸正丁酯外，还可能有什么杂质？怎样将其除掉？

【实验注释】

[1] 也可以先计算好理论生成的水量，在分水器中加满水后放掉比理论水量稍多一点的水，反应开始后随着生成的水增多，分水器中两相界面升高，等分水器中的水层到支管口时，反应即可停止。

附　乙酸正丁酯、水及正丁醇形成二元或三元恒沸液的组成及沸点

沸点/℃	组成/%			沸点/℃	组成/%		
	丁醇	水	乙酸正丁酯		丁醇	水	乙酸正丁酯
117.6	67.2		32.8	90.7		27	73
93	55.5	44.5		90.7	8.0	29	63

实验 16　乙酰苯胺的制备

【实验目的】

1. 掌握乙酰苯胺制备的原理。

2. 掌握分馏柱的使用方法，进一步巩固分馏、重结晶等基本操作。

【实验原理】

胺的酰化在有机合成中有着重要的作用。作为一种保护措施，一级和二级芳胺在合成中通常转化为它们的乙酰基衍生物以降低胺对氧化降解的敏感性，使其不被反应试剂破坏；同时氨基酰化后降低了氨基在亲电取代反应（特别是卤化）中的活化能力，定位效应减弱，使反应由多元取代变为有用的一元取代，由于乙酰基的空间位阻效应，往往使其利于生成对位取代物。

芳胺可用酰氯、酸酐或与冰醋酸加热来进行酰化。酰化反应速率为酰氯最快，酸酐次之，冰醋酸最慢。使用冰醋酸作酰化试剂需要较长的反应时间，一般适合于工业制备；实验室常用冰醋酸来作酰化试剂的主要原因是操作方便，价格便宜。酸酐一般来说是比酰氯更好的酰化试剂，用游离胺与纯乙酸酐进行酰化时，常伴有二乙酰胺 $ArN(COCH_3)_2$ 副产物的生成。但如果在醋酸-醋酸钠的缓冲溶液中进行酰化，由于酸酐的水解速率比酰化速率慢得多，可以得到高纯度的产物。但这一方法不适合于硝基苯胺和其他碱性很弱的芳胺的酰化。用冰醋酸为酰化剂制备乙酰苯胺的反应方程式为：

$$\text{C}_6\text{H}_5\text{NH}_2 + \text{CH}_3\text{COOH} \xrightleftharpoons{\triangle} \text{C}_6\text{H}_5\text{NHCOCH}_3 + \text{H}_2\text{O}$$

合成反应中常先把苯胺乙酰化成乙酰苯胺，然后再进行其他反应，最后水解除去乙酰基。

【实验试剂】

试剂：新蒸的苯胺 2.5mL（2.6g，0.028mol）、冰醋酸 3.8mL（3.9g，0.065mol）、锌粉、活性炭。

【实验步骤】

1. 乙酰苯胺的制备

在 25mL 的圆底烧瓶中加入新蒸的苯胺 2.5mL、冰醋酸 3.8mL 和少量锌粉（不大于 0.05g），装上分馏柱、量程大于 200℃ 温度计，摇匀。分馏柱支管分别连接冷凝管、接引管和置于冰水浴的接收瓶，在石棉网上小火加热至沸腾。控制温度计读数在 100~110℃，反应约 45min，蒸出大部分水和剩余的乙酸，当温度计读数开始下降时，表示反应已经完成。趁热将反应物倒入盛有 100mL 水的烧杯中，剧烈搅拌，避免产物结成大块，冷却烧杯，使粗乙酰苯胺成微粒状析出。静置沉积后抽滤，并用少量水洗涤晶体除去残留的酸液。

2. 乙酰苯胺粗品的重结晶纯化

把粗产品放入 35mL 热水中，加热至沸。若有未溶解的油珠，需补加热水，直到油珠完全溶解、稍冷后加入 0.1~0.2g 活性炭，用玻璃棒搅动并煮沸 3~5min，趁热过滤（用保温漏斗过滤，或先将布氏漏斗在沸水中预热）。冷却滤液，得到白色片状晶体，抽滤、挤压出晶体的水分后称重。

3. 测熔点

用微量法测产品熔点，并与文献值进行比较，分析产品的质量。

纯的乙酰苯胺的文献值：熔点 114.3℃。图 5-19 为乙酰苯胺的红外光谱图。

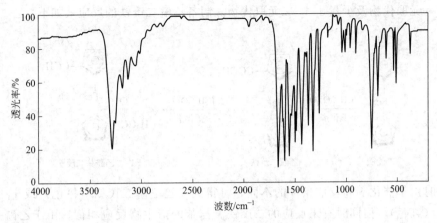

图 5-19　乙酰苯胺的红外光谱图

【实验注意事项】

1. 久置的苯胺由于被氧化而常常呈黄色或红色，会影响产品的品质，所以在使用前应蒸馏。

2. 加入锌粉的作用是防止苯胺氧化（用量不宜过多），同时还起着沸石的作用，故本实验可不另加沸石。

3. 反应回流时，必须强热，蒸气高度应超过 2/3 冷凝管的高度，若加热强度不够时，则可能产生苯胺乙酸盐，而难以产生乙酰苯胺。

4. 加入活性炭时，一定要将溶液冷却至沸点以下，以免产生暴沸而溢出烧杯造成损失，甚至出现人员意外受伤。

【实验思考题】

1. 反应时为什么要控制冷凝管上端的温度在 100～110℃？
2. 用苯胺做原料进行苯环上的一些取代反应时，为什么常常首先要进行酰化？
3. 理论上蒸出水和醋酸的总量是多少？

实验 17　乙酰二茂铁的制备及柱色谱分离

【实验目的】

1. 通过乙酰二茂铁的制备理解 Friedel-Crafts 酰基化反应原理。
2. 巩固重结晶法纯化有机化合物的操作技能。
3. 掌握用柱色谱分离纯化有机物的原理和操作技术。

【实验原理】

二茂铁及其衍生物是一类很稳定的有机过渡金属络合物，可作为火箭燃料的添加剂、汽油的抗爆剂、硅树脂和橡胶的防老剂及紫外线吸收剂等。二茂铁是橙色的固体，又名双环戊二烯基铁，是由两个环戊二烯基负离子和一个二价铁离子键合而成，具有夹心型结构。

二茂铁具有类似苯的一些芳香性，比苯更容易发生亲电取代反应。由于二茂铁分子中存在亚铁离子，对氧化的敏感性限制了它在合成中的应用，如不能够用混酸对其消化。以乙酸酐为酰化剂，三氟化硼、氢氟酸或磷酸等为催化剂，可以发生 Friedel-Crafts 酰基化反应，主要生成一元取代物及少量 1,1'-二元取代物。制备乙酰二茂铁的反应式如下：

$$二茂铁 \xrightarrow[催化剂]{(CH_3CO)_2O} 乙酰二茂铁 \xrightarrow[催化剂]{(CH_3CO)_2O} 1,1'-二乙酰基二茂铁$$

酰化时由于催化剂和反应条件的不同，可得到一乙酰基二茂铁（橙色）或 1,1'-二乙酰基二茂铁（红色）。但同时有未反应的二茂铁。与苯的衍生物反应相似，由于乙酰基的致钝作用，使两个乙酰基不在同一个环上。

【实验试剂】

二茂铁 1g（0.0054mol），乙酸酐 10mL（10.8g，0.1mol），浓磷酸（质量分数 85%），碳酸氢钠，石油醚（60～90℃），乙酸乙酯，硅胶（100～200 目），石英砂。

【实验步骤】

1. 乙酰二茂铁的制备

在干燥的 50mL 单口烧瓶中，加入二茂铁 1.0g 和 10mL 乙酸酐，装上空气冷凝管。用装有无水氯化钙的干燥管塞住瓶口，水浴在 60～75℃振荡（或磁力搅拌）使完全溶解。冷水浴，慢慢滴加 1mL 85%磷酸，沸水加热回流 15min。稍冷却反应液，倒入盛有 50mL 冰水的烧杯，待冰全融后，搅拌下，分批加入固体 $NaHCO_3$ 中和反应至 pH=7，冰水冷却，抽滤，收集析出的橙黄色固体，用冰水洗涤两次，压干后在红外灯下干燥。

2. 乙酰二茂铁的柱色谱分离

称取上述粗产品 0.1 克置于干燥的小烧杯中，滴加乙酸乙酯使其溶解。加入 1.0g 硅胶（100～200 目），搅拌均匀后在红外灯下干燥得松散的粉末状固体。在小烧杯中称取约 40g 硅胶（100～200 目），加入石油醚（60～90℃）调匀，湿法装柱。用石油醚：乙酸乙酯＝5：1（体积比）作洗脱剂（100～150mL），从柱顶沿柱内壁慢慢加入。待色带分离明显后，可在柱顶加压以加速分离。二茂铁黄色，乙酰二茂铁橙色，根据颜色不同可分别收集。用干燥的锥形瓶收集洗脱溶液，当黄色的二茂铁色带完全洗脱下来后，用另一只已干燥的锥形瓶收集黄色与橙色之间的洗脱液。当橙色色带快要洗脱下来时，再用另一只已干燥的锥形瓶收集洗脱液。收集到的黄色洗脱液中有未反应完的原料二茂铁，橙色洗脱液中主要是产物乙酰二茂铁。将橙色洗脱液倒入已称重的干燥圆底烧瓶中，旋转蒸发除去溶液，烘干后称重，测定熔点。

3. 测熔点

用微量法测产品熔点，并与文献值进行比较，分析产品的质量。

纯的乙酰二茂铁的文献值：熔点 85℃。

【实验注意事项】

1. 磷酸有氧化性，振摇下滴管慢慢加入，否则易产生深棕色黏稠状氧化聚合物。严格控制温度在 55～60℃，反应结束后，反应物呈暗红色。温度高于 85℃，反应物即发黑甚至炭化。

2. 用碳酸氢钠中和粗产物时，应小心操作，防止因加入过快产生大量 CO_2 泡沫而使产物溢出，并且每次加入时，要观察烧杯底部，碳酸氢钠是否全部溶解。不可用试纸检验反应液是否呈中性，因反应液有时呈暗棕色，有时呈橙色，用试纸难以准确判断。

3. 乙酰二茂铁在水中有一定的溶解度，抽滤时洗涤次数和用水量不可太多。

4. 当乙酰二茂铁被淋洗出来以后，若改用纯的乙酸乙酯作为淋洗剂，可淋洗到二乙酰二茂铁这一副产物，其为橙棕色固体。

【实验思考题】

1. 在制备乙酰二茂铁时，为什么中和反应需要在低温下进行？形成二酰基二茂铁时，第二个酰基为什么不能进入第一个酰基所在的环上？

2. 二茂铁比苯更容易发生亲电取代，为什么不能用混酸进行硝化？

3. 乙酰二茂铁的纯化为什么要用柱色谱法？可以用重结晶法吗？它们各有什么优缺点？

4. 二茂铁比苯环更容易发生亲电取代，为什么不能用混酸进行硝化？

实验18 贝克曼重排反应制备己内酰胺

【实验目的】

1. 学习由环己酮经贝克曼重排反应制备己内酰胺的原理和方法。
2. 学习无溶剂酸催化反应操作技术。
3. 学习序列反应基本过程。

【实验原理】

贝克曼重排反应（Backman rearrangement）指醛肟或酮肟在酸催化下生成 N-取代酰胺的亲核重排反应，若起始物为环肟，产物则为内酰胺。此反应是由德国化学家恩斯特·奥托·贝克曼发现并由此得名。

该反应在工业上有重要应用，环己酮与羟胺反应得到环己酮肟后可重排得到己内酰胺，此为尼龙-6 的单体。

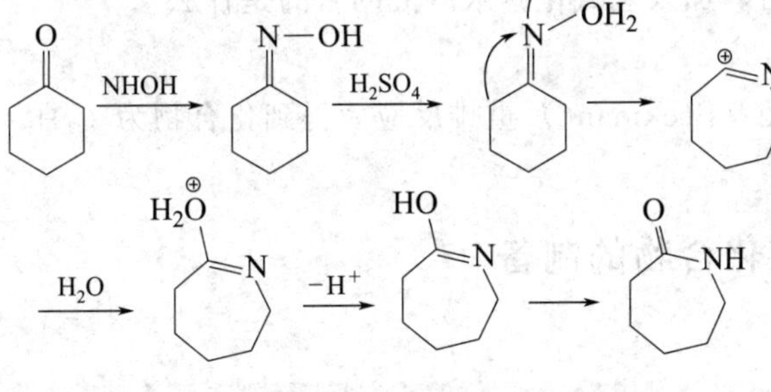

【实验试剂】

环己酮 2.5mL（2.6g，0.00275mol），盐酸羟胺溶液（2.5mol·L^{-1}），氢氧化钠溶液（2.5mol·L^{-1}），浓硫酸。

【实验步骤】

1. 环己酮肟的制备

在 50mL 三口烧瓶中，依次加入 2.5mol·L^{-1} 盐酸羟胺水溶液 5.0mL、2.5mol·L^{-1}

冷氢氧化钠溶液 5.0mL 和 1.0mL 环己酮。混合物在 35～40℃ 条件下搅拌反应 45min，环己酮肟呈白色粉状固体析出，冷却、抽滤并用少量冷水洗涤，抽干后在滤纸上进一步压干。

2. 己内酰胺的制备

将 0.5g 环己酮肟加入 25mL 圆底烧瓶中，滴入两滴浓硫酸，缓慢加热至熔化，再升高温度至 90～100℃，控制反应时间 10～15min，稍冷却加入 5mL 冰水，析出大量固体，抽滤，干燥得己内酰胺。

3. 测熔点

用微量法测产品熔点，并与文献值进行比较，分析产品的质量。

纯的己内酰胺的文献值：熔点 69～70℃。图 5-20 是己内酰胺的红外光谱图。

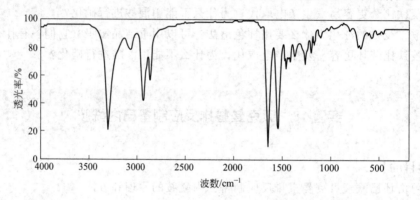

图 5-20　己内酰胺的红外光谱图

【实验注意事项】

1. 氢氧化钠溶液要先冷却。
2. 环己酮肟的制备中，当白色固体成粉末状时，方可停止反应。
3. 重排过程中，浓硫酸的量不宜过多，加热需缓慢，可先用热水浴（80～90℃）加热熔融。
4. 己内酰胺易吸潮，应存放在密闭容器中。

【实验思考题】

1. 制备环己酮肟时，加入氢氧化钠水溶液的目的是什么？
2. 某肟发生贝克曼（Beckmann）重排反应后得到化合物为 $C_2H_5-\overset{\overset{O}{\|}}{C}-NHCH_3$，试推测该化合物的结构。

5.1.7　芳香族化合物的制备

实验19　对甲苯磺酸的制备

【实验目的】

1. 掌握甲苯磺化反应和产品精制的原理及方法。
2. 巩固分水器使用的实验操作。

【实验原理】

芳香族磺酸一般是用芳烃直接磺化的方法制得。常用的磺化剂是浓硫酸、发烟硫酸、氯磺酸等。磺化反应难易程度与芳香族化合物的结构、磺化剂的种类和浓度及反应温度有关。以浓硫酸为磺化剂时，磺化反应是一个可逆反应：

$$ArH + H_2SO_4 \rightleftharpoons ArSO_3H + H_2O$$

随着反应进行，水量逐渐增加，硫酸浓度逐渐降低，这不利于磺酸的生成。通常采取增加浓硫酸用量，以抑制逆反应，增加磺酸的产率。对甲苯的磺化来说，在回流温度及在甲苯大大过量的条件下反应有利于对甲苯磺酸的生成。若把磺化反应中生成的水和甲苯形成的恒沸混合物从反应体系中除去，还能加速反应的进行。

主反应：

$$\text{CH}_3\text{-C}_6\text{H}_5 + \text{HOSO}_3\text{H} \rightleftharpoons \text{CH}_3\text{-C}_6\text{H}_4\text{-SO}_3\text{H} + \text{H}_2\text{O}$$

副反应：

$$\text{CH}_3\text{-C}_6\text{H}_5 + \text{HOSO}_3\text{H} \rightleftharpoons \text{2-CH}_3\text{-C}_6\text{H}_4\text{-SO}_3\text{H} + \text{H}_2\text{O}$$

【实验试剂】

试剂：甲苯 25mL（约 21.8g，0.24mol），浓硫酸 5.5mL（10.1g，0.1mol），氯仿。

【实验步骤】

1. 对甲苯磺酸的制备

在 50mL 圆底烧瓶内加入 25mL 甲苯，一边摇动烧瓶，一边缓慢加入 5.5mL 浓硫酸，加入沸石，用小火加热（控制加热使瓶内壁能观察到微微回流即可），回流 2h 或至分水器中积存 2mL 水为止。稍冷却，将反应物倒入 50mL 锥形瓶中，加入 1.5mL 水，此时有晶体析出。用玻璃棒慢慢搅动，反应物逐渐变成固体。抽滤，用玻璃瓶塞挤压以除去甲苯和邻甲苯磺酸，得粗产品。

2. 对甲苯磺酸的纯化

用氯仿进行重结晶。纯对甲苯磺酸一水合物为无色单斜晶体。

纯对甲苯磺酸的文献值：106～107℃（一水合物）。图 5-21 是对甲苯磺酸的红外光谱图。

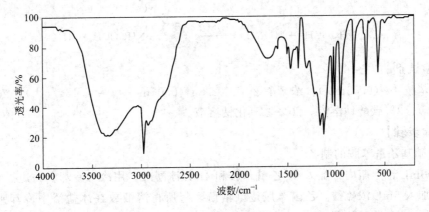

图 5-21　对甲苯磺酸的红外光谱图

3. 测熔点

用微量法测产品熔点，并与文献值进行比较，分析产品的质量。

【实验注意事项】

1. 控制加热使瓶内壁能观察到微微回流即可。
2. 过度冷却，产物可能倒不出来。

【实验思考题】

1. 按本实验方法，计算对甲苯磺酸的产率时应以何种原料为基准，为什么？
2. 对甲苯磺酸和邻甲基苯磺酸是利用什么原理分离开的？

实验 20　对硝基苯胺的制备

【实验目的】

1. 了解芳香族硝基化合物的制备及氨基的保护原理。
2. 熟悉低温反应操作。
3. 进一步巩固分馏、过滤和重结晶的操作步骤和方法。

【实验原理】

对硝基苯胺，黄色针状结晶，易升华。微溶于冷水，溶于沸水、乙醇、乙醚等溶剂。是多种印染及医药化工品的中间体，广泛应用于染料工业。工业上生产对硝基苯胺常采用乙酰苯胺硝化、水解的方法，也可用对硝基氯苯氨解的方法。前一种方法的原理如下。

主反应：

$$\text{C}_6\text{H}_5\text{—NHCOCH}_3 + \text{HONO}_2 \xrightarrow{\text{H}_2\text{SO}_4} \text{O}_2\text{N—C}_6\text{H}_4\text{—NHCOCH}_3 + \text{H}_2\text{O}$$

$$\text{O}_2\text{N—C}_6\text{H}_4\text{—NHCOCH}_3 + \text{H}_2\text{O} \xrightarrow{\text{H}_2\text{SO}_4} \text{O}_2\text{N—C}_6\text{H}_4\text{—NH}_2 + \text{CH}_3\text{COOH}$$

副反应：

$$\text{C}_6\text{H}_5\text{—NHCOCH}_3 + \text{H}_2\text{O} \xrightarrow{\text{H}_2\text{SO}_4} \text{C}_6\text{H}_5\text{—NH}_2 + \text{CH}_3\text{COOH}$$

$$\text{C}_6\text{H}_5\text{—NHCOCH}_3 + \text{HONO}_2 \xrightarrow{\text{H}_2\text{SO}_4} \text{o-NO}_2\text{-C}_6\text{H}_4\text{—NHCOCH}_3 + \text{H}_2\text{O}$$

【实验试剂】

乙酰苯胺 4g（0.03mol），浓硝酸 2mL（2.8g，0.03mol，$\rho=1.42\text{g/mL}$），浓硫酸，冰醋酸，乙醇，3%碳酸钠溶液，20%氢氧化钠溶液。

【实验步骤】

1. 对硝基乙酰苯胺的制备

在 100mL 锥形瓶内，加入 4g 乙酰苯胺和 4mL 冰醋酸。用冷水冷却，一边摇动锥形瓶，一边慢慢加入 5mL 浓硫酸。乙酰苯胺逐渐溶解。将所得溶液放在冰盐浴中冷却到 0℃。在冰盐浴中用 3mL 浓硝酸和 2mL 浓硫酸配制混酸。一边摇动锥形瓶，一边用吸管慢慢滴加此混酸,保持反应温度不超过5℃。加完后继续在冰盐浴中间歇振荡30min,保持反应温度不超过10℃。把反应混合物慢慢倒入10mL水和10g碎冰的混合物中,对硝基乙酰苯胺立刻成固体析出。抽滤,先每次用10mL冰水洗涤3次,尽量抽除粗产品中的酸液,再每次用3mL 3%的碳酸钠溶液洗涤3次。

2. 对硝基乙酰苯胺的酸性水解

在50mL圆底烧瓶中加入上述产品对硝基乙酰苯胺、20mL 25%硫酸,投入沸石,装上回流冷凝管,加热回流30min(取1mL反应液加到2~3mL水中,如溶液清澈透明,表示水解反应已完全)。将透明的热溶液倒入30mL冰水中,加入20%氢氧化钠溶液至体系呈碱性,使对硝基苯胺沉淀下来。冷却后抽滤,滤饼用冷水洗去碱液后,在水中进行重结晶。

3. 测熔点

用微量法测产品熔点,并与文献值进行比较,分析产品的质量。

纯的对硝基苯胺的文献值:熔点148~149℃。图5-22是对硝基苯胺的红外光谱图。

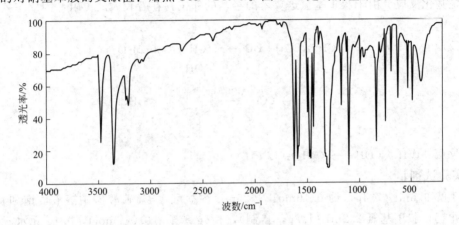

图5-22 对硝基苯胺的红外光谱图

【实验注意事项】

1. 乙酰苯胺可以在低温下溶解于浓硫酸中,但速率较慢,加入冰醋酸可加速其溶解。

2. 乙酰苯胺与混酸在5℃下作用,主要产物是对硝基乙酰苯胺;在40℃作用,则生成约25%的邻硝基乙酰苯胺。

3. 也可用下法除去粗产物中的邻硝基苯胺。将粗产物放入一个盛20mL水的锥形瓶中,在不断搅拌下分次加入碳酸钠粉末,直到混合液对酚酞试纸显碱性。将反应混合物加热至沸腾,这时对硝基乙酰苯胺不水解,而邻硝基乙酰苯胺则水解为邻硝基苯胺。混合物冷却到50℃时,迅速减压过滤,尽量挤压掉溶于碱液中的邻硝基苯胺,再用水洗涤并挤压去水分。取出晾干。

4. 利用邻硝基乙酰苯胺和对硝基乙酰苯胺在乙醇中溶解度的不同,在乙醇中进行重结晶,可除去溶解度较大的邻硝基乙酰苯胺。

【实验思考题】

1. 对硝基苯胺是否可从苯胺直接硝化来制备?为什么?

2. 如何除去对硝基乙酰苯胺粗产物中的邻硝基乙酰苯胺?

3. 在酸性或碱性介质中都可以进行对硝基乙酰苯胺的水解反应,试讨论各有何优缺点?

实验 21 对叔丁基苯酚的制备

【实验目的】
1. 学习由醇制备卤代烃及 Friedel-Crafts 烷基化反应向芳环引入烷基的方法。
2. 掌握无水及气体吸收操作。
3. 练习萃取、干燥、蒸馏、重结晶等基本操作。

【实验原理】

叔醇在无催化剂存在下,室温下即可与氢卤酸进行反应,生成叔丁基氯(叔卤代烷)。这是一个典型的 S_N1 取代反应。

苯酚分子中由于羟基对苯环的活化作用,易同卤代烃发生亲电取代反应,即 Friedel-Crafts 烷基化反应。由于叔丁基氯进攻苯酚羟基的邻位存在着较大的位阻,因此主要得到对位产物。

主反应: $(CH_3)_3COH + HCl \longrightarrow (CH_3)_3CCl + H_2O$

$$C_6H_5OH + (CH_3)_3CCl \xrightarrow{AlCl_3} p\text{-}(CH_3)_3C\text{-}C_6H_4OH + HCl\uparrow$$

副反应: $(CH_3)_3COH \longrightarrow (CH_3)_3CCl + H_2O$

【实验试剂】

叔丁醇 9.6mL(7.4g,约 0.10mol),25mL 浓盐酸,5% 碳酸氢钠溶液,饱和食盐水,无水氯化钙,叔丁基氯 2.2mL(1.8g,自制),1.6g 苯酚(0.017mol),0.2g 无水三氯化铝(研碎),浓盐酸。

【实验步骤】

1. 叔丁基氯的制备

在 50mL 三口烧瓶中,放置 9.6mL 叔丁醇[1],三口烧瓶正口安装滴液漏斗,一侧口安装 HCl 吸收装置。在滴液漏斗中加入 25mL 浓盐酸,控制滴加速率。边滴加边轻晃铁架台以增加反应速率。滴加 HCl 完毕后再摇晃三口烧瓶 15min。

把反应液倒入分液漏斗中,振荡后让反应液分层,加少量水以判断分液漏斗中哪一层液体是水层(为什么?)。分离并弃去水层。有机相依次用等体积的饱和食盐水、5% 碳酸氢钠溶液[2]、水洗涤。用碳酸氢钠溶液洗涤时,要小心操作,注意及时放气。

产物经无水氯化钙干燥后,滤入蒸馏瓶中,在水浴上蒸馏。接收瓶用冰水浴冷却,收集 48~52℃[3] 馏分。

2. 对叔丁基苯酚的制备

称取 0.2g 无水 $AlCl_3$ 放在带塞的干燥试管中备用。

在一个干燥的装有 $CaCl_2$ 干燥管和气体吸收装置的 50mL 三口烧瓶内加入自制的 2.2mL 叔丁基氯和 1.6g 苯酚,摇动使苯酚完全或几乎完全溶解后,把试管中备用的无水 $AlCl_3$ 约 3/4 加入反应瓶,反应液用冷水浴冷却,不断摇动反应瓶,有 HCl 放出。继续加入剩余的 $AlCl_3$,有固体产生。

把 1mL 浓盐酸溶于 8mL 水中配成的酸液倒入反应瓶，有白色固体析出。用玻璃棒研细抽滤并用少量水洗涤，得到白色的叔丁基苯酚粗产物。粗产物可用石油醚（60～90℃）重结晶。

3. 测熔点

用微量法测产品熔点，并与文献值进行比较，分析产品的质量。

纯的对叔丁基苯酚的文献值：熔点 237℃。图 5-23 是对叔丁基苯酚的红外光谱图。

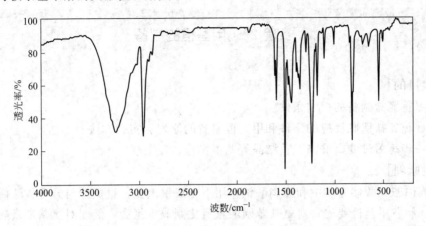

图 5-23　对叔丁基苯酚的红外光谱图

【实验注意事项】

1. 制备叔丁基氯的关键就是在于反应能否完全。为了加快反应速率，可以不停地摇晃反应瓶并让反应体系保持在 30℃（冬天可以水浴保温，夏天可以直接在室温下进行）。

2. 当加入饱和碳酸氢钠溶液时有大量气体产生，必须缓慢加入并慢慢地旋动漏斗塞直至气体逸出基本停止。再将分液漏斗塞紧，缓缓放置后，立即放气。

3. 蒸馏叔丁基氯产物时，要用水浴加热。

4. 制备对叔丁基苯酚所用仪器和试剂均应充分干燥。

5. 苯酚易灼伤皮肤，若不慎碰到应立即用水冲洗。

6. 无水三氯化铝要研细，称取速度及投料要迅速。

7. 制备对叔丁基苯酚的气体吸收装置中的玻璃漏斗应略为倾斜，不能全浸在水中。

8. 制备对叔丁基苯酚时，不断摇动反应瓶，使催化剂的表面得到充分暴露以利反应进行。避免反应温度过高，反应太激烈，否则产生的大量氯化氢气体会降低叔丁基氯沸点（沸点：50.7℃），大量产品带出而使产量降低。

9. 制备对叔丁基苯酚时，如果反应后没有固体出现，可用玻璃棒摩擦或摇动以诱导结晶。

【实验思考题】

1. 制备叔丁基氯，洗涤粗产物时，如果碳酸氢钠溶液浓度过高、洗涤时间过长有什么不好？

2. 制备叔丁基氯的实验中未反应的叔丁醇如何除去？

3. 制备对叔丁基苯酚的实验所用仪器和试剂为什么均应充分干燥？

4. 制备对叔丁基苯酚时，为什么需要气体吸收装置？

【实验注释】

[1] 叔丁醇熔点 25℃，沸点 82.3℃，常温下为黏稠液体。为避免黏附损失，最好用称

量法取料。若温度较低，叔丁醇凝固，可用温水浴熔化。

[2] 用碳酸氢钠溶液洗涤时会产生大量气体，应先不塞塞子旋摇至不再产生大量气体时，再塞上塞子按正常洗涤方法洗涤，仍需注意及时放气。

[3] 如果在49℃以下的馏分较多，可将其重新干燥，再蒸馏。

实验22 甲基橙的制备

【实验目的】
1. 学习重氮盐制备的控制条件。
2. 掌握重氮盐偶联反应的条件和甲基橙制备的原理、实验方法。
3. 进一步练习过滤、洗涤、重结晶等基本操作。

【实验原理】
芳香族伯胺在酸性介质中和亚硝酸钠作用下生成重氮盐，重氮盐与芳香叔胺偶联，生成偶氮染料。制备甲基橙要先将对氨基苯磺酸重氮化制成重氮盐。然而对氨基苯磺酸不溶于酸性溶液，而重氮化反应必须在酸性溶液中进行。为此要将对氨基苯磺酸先溶于碱溶液中，再与亚硝酸反应，产生重氮盐结晶。再立即与 N,N-二甲基苯胺反应，生成甲基橙。

$$H_2N-C_6H_4-SO_3H + NaOH \longrightarrow H_2N-C_6H_4-SO_3Na + H_2O$$

$$H_2N-C_6H_4-SO_3Na \xrightarrow[0\sim 5℃]{NaNO_2, HCl} [HO_3S-C_6H_4-N\equiv N]^+Cl^-$$

$$[HO_3S-C_6H_4-N^+\equiv N]Cl^- \xrightarrow[HAc]{C_6H_5N(CH_3)_2} [HO_3S-C_6H_4-N=N-C_6H_4-\underset{H}{N}(CH_3)_2]^+Ac^-$$

$$[HO_3S-C_6H_4-N=N-C_6H_4-\underset{H}{N}(CH_3)_2]^+Ac^- \xrightarrow{NaOH}$$

$$NaO_3S-C_6H_4-N=N-C_6H_4-N(CH_3)_2 + NaAc + H_2O$$

甲基橙被用做酸碱指示剂，在不同的酸碱溶液中显示不同的颜色。变色范围 pH = 3.1～4.4。

$$^-O_3S-C_6H_4-\underset{+}{\overset{H}{N}}=N-C_6H_4-N(CH_3)_2 \underset{}{\overset{pH>4.4}{\rightleftharpoons}} {}^-O_3S-C_6H_4-N=N-C_6H_4-N(CH_3)_2$$

酸性黄（红色）   甲基橙（黄色）

【实验试剂】
对氨基苯磺酸晶体1.05g（0.005mol），亚硝酸钠0.4g（0.006mol），浓盐酸，N,N-二甲基苯胺，冰醋酸，5%氢氧化钠溶液，乙醚，乙醇，淀粉-碘化钾试纸。

【实验步骤】
1. 重氮盐的制备
向50mL圆底烧瓶中加入1.05g对氨基苯磺酸晶体和5mL 5%的氢氧化钠溶液，小火加热搅拌使其溶解。冷却至室温后置于冰盐浴冷却至 0~5℃。

另取 0.4g 亚硝酸钠置 50mL 烧杯中并加入 3mL 水,放入冰盐浴的对氨基苯磺酸钠的溶液中,维持温度在 0~5℃之间,小心地用滴管缓慢滴入 1.5mL 浓盐酸和 5mL 水配成的溶液,用淀粉-碘化钾试纸检验直至呈现蓝色为止。然后在冰盐浴中放置 15min,使反应进行完全,此时可能会有重氮内盐结晶析出。

2. 偶合反应制备甲基橙

将 0.6g 的 N,N-二甲基苯胺溶解在 0.5mL 冰醋酸中。逐滴加入已冷却的重氮盐溶液中,边滴入边缓缓搅拌。滴完后再继续搅拌 10min(以保证反应完全)。然后继续缓缓滴加 5% 的 NaOH 溶液 12.5mL,直到烧杯内的液体呈现橙红色,反应产物液呈碱性,并有细小的甲基橙粗品颗粒析出为止。

将含反应产物的小烧杯在沸水浴中加热 5min,冷却至室温后,再放置冰浴中,使甲基橙晶体完全析出。减压抽滤,用少量水、乙醇和乙醚分别洗涤滤出物,压干、晾干后称重得甲基橙小叶片状结晶。

3. 甲基橙的纯化

产品可用 0.1% 氢氧化钠溶液重结晶。晶体析出完全后抽滤。再用乙醇、乙醚洗涤脱去晶体中的水,晾干。

取少量甲基橙溶于水中,分置两个试管内。向其中一个试管滴入稀盐酸,另一试管内滴入稀氢氧化钠溶液,观察两个试管内的溶液颜色变化。

4. 测熔点

用微量法测产品熔点,并与文献值进行比较,分析产品的质量。

【实验注意事项】

1. 投入的亚硝酸钠不能过量,因为过量的亚硝酸会促进重氮盐的分解,引起其他副反应的发生,加入适量的亚硝酸钠后可用淀粉-碘化钾试纸检验反应终点(刚刚出现蓝色):游离的亚硝酸会氧化 KI 生成单质碘,过量的亚硝酸可以用尿素除去。

2. 反应过程中要不断搅拌,使得反应均匀完成,避免局部过热,造成部分重氮盐的分解,制得的重氮盐不宜久放,15min 后尽快用于下一步的合成中。

3. 反应介质要有足够的酸度,重氮盐在强酸性介质中稳定,过量的酸会阻碍氨基重氮化合物的生成,通常使用的酸量比理论量高出四分之一左右。

4. 粗产品可能出现紫色。粗产品往往含有 N,N-二甲基苯胺醋酸盐,在加入氢氧化钠后,就会有难溶于水的 N,N-二甲基苯胺析出而混杂在粗产品中。当这种湿的甲基橙在空气中受光的照射后,颜色很快变深得到紫红色产品。

5. 溶解甲基橙时,加热温度不宜过高,一般在 60℃左右,若温度过高,易使产品颜色变深。

6. 甲基橙在水中溶解度较大,重结晶不宜加入过多的水(每克粗产物约需 5mL 1% 的 NaOH 溶液)。为了防止湿润的碱性甲基橙在较高温度下变质,颜色变深,在偶合反应以后各个操作和重结晶均应尽可能迅速。

【实验思考题】

1. 为什么在 N,N-二甲基苯胺中要先加入冰醋酸?

2. 甲基橙变成橙黄色的反应产物主要是什么,这里所说的碱性是指反应物由红色变为橙黄色而显示的碱性，还是 pH＞7 的碱性？怎样检验？

3. 已经有甲基橙的晶体析出，为什么还要沸水浴加热 5min 重新结晶？

4. 在本实验中，制备重氮盐时为什么要把对氨基苯磺酸变成钠盐？本实验如改成下列操作步骤：先将对氨基苯磺酸与盐酸混合，再滴加亚硝酸钠溶液进行重氮化反应，可以吗？为什么？

实验 23 双酚 A 的制备

【实验目的】
1. 掌握双酚 A 的制备原理和方法。
2. 掌握搅拌、滴加、过滤、重结晶等实验操作。

【实验原理】
双酚 A(2,2-二对羟基苯基丙烷) 可作为塑料和油漆用抗氧剂，是聚氯乙烯的热稳定剂，也是聚碳酸酯、环氧树脂、聚砜及聚苯醚等树脂的合成原料。双酚 A 可由苯酚与丙酮在催化剂存在下进行缩合反应得到。催化剂常用硫酸及助催化剂"591"。反应过程中以甲苯为分散剂，防止反应生成物结块。反应式：

$$2HO\text{-}C_6H_4\text{-}H + CH_3COCH_3 \xrightarrow[\text{"591"}]{80\%H_2SO_4} HO\text{-}C_6H_4\text{-}C(CH_3)_2\text{-}C_6H_4\text{-}OH + H_2O$$

【实验试剂】
试剂：丙酮 2mL（约 1.58g，0.026mol），苯酚 5g(0.053mol)，硫酸（80%）3.5mL，"591" 0.25g，甲苯 9mL，硫代硫酸钠，一氯醋酸。

【实验步骤】
1. 双酚 A 的制备

在 100mL 三口烧瓶中，加入 5g 苯酚及 9mL 甲苯，并将 3.5mL 80%硫酸缓缓加入瓶中，然后在搅拌下加入 0.25g 预制备好的"591"助催化剂（见注释），最后迅速滴加 2mL 丙酮，控制反应温度不超过 35℃。滴加完毕后，在 35～40℃下保温搅拌 2h。将产物倒入 25mL 冷水中，静置。待完全冷却后，过滤，并用冷水将固体产物洗涤至滤液不显酸性，即得粗产物。滤液中甲苯分出后倒入回收瓶中。

2. 双酚 A 的纯化

将粗产物干燥后，用甲苯进行重结晶。按每克粗产物需加 8～10mL 甲苯计算。纯双酚 A 是无色针状晶体。

3. 测熔点

用微量法测产品熔点，并与文献值进行比较，分析产品的质量。
纯双酚 A 的文献值：熔点 158～159℃。图 5-24 是双酚 A 的红外光谱图。

【实验注意事项】
1. 如果不先制备"591"，也可用硫代硫酸钠和一氯醋酸代替。可先于三口烧瓶中加入 0.5g $NaS_2O_3 \cdot 5H_2O$。加热熔化，再加入 0.2g 一氯醋酸，混合均匀，然后依次加入苯酚、

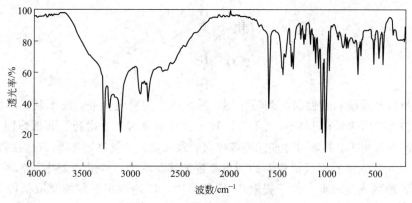

图 5-24 双酚 A 的红外光谱图

甲苯、硫酸，最后滴加丙酮，反应时间可相对缩短些，产率可达 70% 左右。

2. 搅拌器要和三口烧瓶安装在同一铁架台上，在开动搅拌器前要用手动的方式检查转动是否灵活，是否和温度计相碰撞后再开电钮。

【实验思考题】

1. 两分子苯酚、一分子丙酮在硫酸的催化作用下，进行缩合反应时可能生成哪几种异构的产物？试写出它们的结构式。

2. 已知浓硫酸（98%）相对密度为 1.84，80% 硫酸相对密度为 1.73。今欲用 98% 硫酸配制 20mL 80% 硫酸，应怎样配制？

3. 粗产品为什么要用冷水洗涤至滤液不显酸性？

【实验注释】

"591" 助催化剂制备方法：在 500mL 三口烧瓶中加入 78mL 乙醇，开动搅拌器后加入 23.6g 一氯醋酸，在室温下溶解。溶解后再滴加 35.5mL 30% 氢氧化钠溶液，直至烧瓶中溶液的 pH=7 为止（若 pH<7，可继续加碱，若 pH>7，则可加一氯醋酸）。中和时液温控制在 60℃ 以下。中和后，加入事先配制好的硫代硫酸钠溶液（62g 五水硫代硫酸钠加入 8.5mL 水，加热至 60℃ 溶解）。加完后搅拌，升温至 75~80℃，即有白色固体生成，冷却，过滤，干燥后，则得到白色固体产物，即"591"。此物易溶于水，勿加水洗涤。

5.2 基础有机分离和提取实验

实验 24　茶叶中提取咖啡因

【实验目的】

1. 掌握索氏提取器的使用原理和方法。
2. 学习升华操作的练习。

【实验原理】

咖啡因是一种生物碱，白色针状结晶体，属于嘌呤一类的天然化合物，熔点 234.5℃，味苦。化学名为 1,3,7-三甲基-2,6-二氧嘌呤，其结构式如下：

它对中枢神经系统和骨骼肌有刺激作用,刺激结果使警觉提高,睡眠延迟,促进思考能力。茶叶中的咖啡因含量在1%~5%不等。有人会对咖啡因产生耐药性和依赖性。据估计在比较短的时间内饮用100杯咖啡才能达到咖啡因的致死量。超量携带咖啡因视为携带毒品。

本实验是利用安装有索氏提取器的回流装置加热萃取剂乙醇进入茶叶,萃取茶叶中的咖啡因(因为乙醇的沸点较低,便于提取)。反复多次,以达到用少量的萃取剂能够较好地萃取茶叶中咖啡因的作用。再蒸馏回收乙醇,利用升华的办法得到咖啡因。

咖啡因可以通过测熔点、光谱法或制备咖啡因水杨酸盐衍生物等方法得到确证,咖啡因作为碱可和水杨酸生成熔点为137℃的水杨酸盐。

【实验试剂】
茶叶,95%乙醇,生石灰。

【实验步骤】

1. 咖啡因的提取

称取碾碎的10g茶叶末装在卷成圆筒的滤纸里,圆筒外径略小于索氏提取器的内径,两端折封,塞入提取筒中,滤纸筒高度要低于虹吸管高度(滤纸筒的高度为什么不能高于虹吸管?)向提取筒内缓缓装入100mL 95%乙醇,乙醇透过茶叶末经过虹吸管流向下端的烧瓶中。给烧瓶垫上石棉网加热,提取筒上端连接冷凝管装置。连续不断地提取出乙醇用来萃取。使烧瓶中液体颜色变成墨绿色,提取筒中萃取液几近无色(提取液在提取筒中停留的时间短好还是时间长好?)大约需要2h。在提取筒中液体流空时,停止加热。

2. 萃取液的蒸馏

安装粗蒸馏装置,蒸出大部分乙醇,将乙醇的黏稠液趁热倒入蒸发皿中,用少许乙醇洗去滞留在蒸馏烧瓶中的黏稠物,一起倒入蒸发皿中,加入约4g生石灰调匀成糊状[2],水浴焙干,不停搅拌成粉末状,颗粒越细越好。

3. 咖啡因的升华

将一圆形滤纸插出许多小孔,平盖在蒸发皿上。将颈部塞上棉花小球的玻璃漏斗扣在蒸发皿内的滤纸上。在石棉网下加热逐渐地升温,使升温为气体的咖啡因通过滤纸孔附在冷的漏斗内壁和滤纸上,铺上插出小孔的滤纸是防止升华的晶体又回落到蒸发皿里。待滤纸稍有变黄即停止加热。冷却后,将挂接在滤纸和漏斗壁上的白色晶体刮下在一张滤纸上,称重收集到广口瓶中。如果渣状物还有绿色或结成块状,粉碎后再次升华。合并两次收集的咖啡因,称重。

4. 测熔点

用微量法测产品熔点,并与文献值进行比较,分析产品的质量。
纯的咖啡因的文献值:熔点234.5℃。图5-25是咖啡因的红外光谱图。

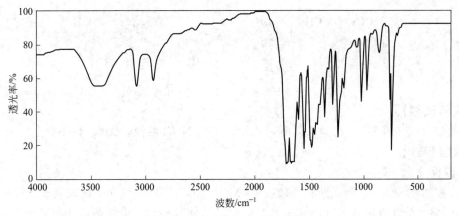

图 5-25　咖啡因的红外光谱图

【实验注意事项】

1. 索氏提取器的虹吸管极易折断，安装和拆卸装置时必须特别小心。

2. 加入生石灰的作用是吸水和中和，除去单宁酸、核酸等酸性杂质。

3. 咖啡因在 100℃ 失去结晶水，开始升华。120℃ 升华显著，178℃ 升华很快。熔点 234.5℃，所以首先水浴烘干。另外乙醇若不烘干在升华操作过程中易产生烧结。

4. 升华温度是关键，要注意垫上石棉网加热，保持逐渐升温，温度过高会使产物被烤焦，温度太低，没有升华物。还要注意密闭，阻止升华气流逸出造成升华过程产物丢失较多。

5. 咖啡因水杨酸盐的制备：锥形瓶中加入 50mg 咖啡因、37mg 水杨酸和 4mL 甲苯。水浴加热振荡溶解，加入 1mL 石油醚（沸程 60～90℃），冰水浴冷却结晶，必要时用玻璃棒摩擦瓶壁促使结晶，抽滤，干燥后测熔点。

【实验思考题】

1. 提取时为什么要加入生石灰？
2. 从茶叶中提取的粗咖啡因为什么有绿色光泽？

实验 25　绿色植物叶中叶绿素的提取和分离

【实验目的】

1. 掌握从菠菜叶中提取叶绿素的方法。
2. 学习薄层色谱的一般操作和化合物定性鉴定的方法。

【实验原理】

高等植物体内的叶绿体色素有叶绿素和类胡萝卜素两类，主要包括叶绿素 a($C_{55}H_{72}O_5N_4Mg$)、叶绿素 b($C_{55}H_{70}O_6N_4Mg$)、β-胡萝卜素（$C_{40}H_{56}$）和叶黄素（$C_{40}H_{56}O_2$）等 4 种。叶绿素 a 和叶绿素 b 为吡咯衍生物与金属镁的配合物，胡萝卜素是一种橙色天然色素，属于四萜类，为一长链共轭多烯，有 α、β、γ 三种异构体，其中，β 异构体含量最多。叶黄素为一种黄色色素，与叶绿素同存在于植物体中，是胡萝卜素的羟基衍生物，较易溶于乙醇，在乙醚中溶解度较小。根据它们的化学特性，可将它们从植物叶片中提取出来，并通过萃取、沉淀和色谱方法将它们分离开来。

β-胡萝卜素 R=H; 叶黄素 R=OH

【实验试剂】

石油醚（60～90℃），乙醇，丙酮，乙醚，饱和NaCl溶液，无水Na_2SO_4。

【实验步骤】

1. 制板

将硅胶加1%CMC，调成浆状［硅胶：CMC=1：(3～4)］（在平铺玻璃板上能晃动但不能流动），将其涂在载玻片上（100mm×25mm），为使其平坦，可将载玻片用手端平晃动，至平坦为止，放在干净平坦的台面上，晾干之后放入105℃烘箱活化1h，取出放入干燥器内待用。

2. 叶绿素的提取

在研钵中放入约5g菠菜叶（新鲜或冷冻的都可以，如果是冷冻的，解冻后包在纸中轻压吸干水分）。加入10mL2：1石油醚和乙醇混合液，适当研磨。将提取液用滴管转移至分液漏斗中，加入10mL饱和NaCl溶液（防止生成乳浊液）除去水溶性物质，分去H_2O层，再用蒸馏水洗涤两次。将有机层转入干燥的小锥形瓶中，加入2g无水Na_2SO_4干燥。干燥后的液体倾至另一锥形瓶中（如溶液颜色太浅，可在通风柜中适当蒸发浓缩）。

3. 薄层分析

用一根内径1mm的毛细管，吸取适量提取液，轻轻地点在距薄板一端1.5cm处，平行点两点，两点相距1cm左右。若一次点样不够，可待样品溶剂挥发后，再在原处点第二次，但点样斑点直径不得超过2mm。先在层析缸中放入展开剂［石油醚（60～90℃）-丙酮-乙醚，体积比为3：1：1］，加盖使缸内蒸气饱和10min，再将薄层板斜靠于层析缸内壁。点样端接触展开剂但样点不能浸没于展开剂中，密闭层析缸。待展开剂上升到距薄层板另一端约1cm时，取出平放，用铅笔或小针划前沿线位置，晾干或用电吹风吹干薄层板。计算菠菜叶提取液中各组分R_f。有兴趣的同学，可以通过改变展开剂比例或展开剂种类，考察展开剂体系与分离效果之间关系。

【实验注意事项】

1. 制板时注意使板上硅胶厚度尽量一致。
2. 植物叶片不要研成糊状，否则会给分离造成困难。
3. 叶黄素易溶于乙醇而在石油醚中溶解度较小，嫩菠菜提取液中叶黄素含量很少。

【实验思考题】

1. 在混合物薄层色谱中，如何判定各组分在薄层上的位置？
2. 展开剂的高度若超过了点样线，对薄层色谱有何影响？

附：菠菜中叶绿素的TLC（展开剂：石油醚：丙酮=2：1，体积比）

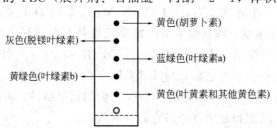

实验26　黄连中黄连素的提取及产品的检验

【实验目的】
1. 学习从中草药中提取生物碱的原理和方法。
2. 熟悉固液提取的方法，比较索氏提取器提取与简单回流提取的优缺点。
3. 了解紫外-可见分光光度计的工作原理，学习仪器的使用方法。

【实验原理】
现代药理学研究证实黄连素具有降低胆固醇、抗心力衰竭和心律失常等作用，因而在心血管系统和神经系统疾病的治疗方面日益受到重视。含黄连素的植物很多，如黄柏、三颗针、伏牛花、白屈菜、南天竹等均可作为提取黄连素的原料，但以黄连和黄柏中的含量为高。随野生和栽培及产地的不同，黄连中黄连素的含量约为4%~10%。黄连素是黄色针状体，微溶于水和乙醇，较易溶于热水和热乙醇中，几乎不溶于乙醚。

从黄连中提取黄连素，往往采用适当的溶剂（如乙醇、水、硫酸等），利用简单回流装置进行2~3次加热回流，每次约0.5h，回流液合并（也可在脂肪提取器中连续抽提），然后浓缩，再进行酸化，得到相应的盐。

黄连素存在三种互变异构体，但自然界多以季铵碱的形式存在。其盐酸盐、氢碘酸盐、硫酸盐、硝酸盐均难溶于冷水，易溶于热水，故可用水对其进行重结晶，从而达到纯化目的。且各种盐的纯化都比较容易。

醇式　　　　　　　　　　醛式　　　　　　　　　　季铵碱式

黄连素被硝酸等氧化剂氧化，转变为樱红色的氧化黄连素。

黄连素也可在强碱中部分转化为醛式黄连素，在此条件下，再加几滴丙酮，即可发生缩合反应，生成的黄色沉淀为丙酮与醛式黄连素的缩合产物。

【实验试剂】
黄连5g，95%乙醇，1%醋酸，浓盐酸，浓硫酸，浓硝酸，20%NaOH，丙酮。

【实验步骤】
1. 黄连素的提取

称取5g中药材黄连切碎、磨烂，放入100mL圆底烧瓶中，加入95%乙醇50mL，装上回流冷凝管，加热回流0.5h，静置浸泡0.5h，抽滤。滤渣再重复上述操作处理一次，合并两次所得滤液，蒸出乙醇（回收），直到烧瓶内呈棕红色糖浆状物。

2. 黄连素的纯化

加入1%醋酸（约30~40mL）于糖浆状中。加热使溶解，抽滤以除去不溶物，滤液倒入200mL烧杯中，然后缓慢地滴加浓盐酸于溶液中，至溶液浑浊为止（约需8mL），放置冷却（最好用冰水冷却），即有黄色针状体的黄连素盐酸盐析出（如晶形不好，可用水重结晶精制[1]）。抽滤，用冰水洗涤两次，干燥，称量。

3. 产品检验

方法一：取盐酸黄连素少许，加浓硫酸 2mL，溶解后加几滴浓硝酸，即呈樱红色溶液。

方法二：取盐酸黄连素约 50mg，加蒸馏水 5mL，缓缓加热，溶解后加 20％氢氧化钠溶液 2 滴，显橙色，冷却后过滤，滤液加丙酮 4 滴，即发生浑浊。放置后生成黄色的丙酮黄连素沉淀。

【实验注意事项】

1. 黄连素的提取回流要充分，本实验也可用索氏（Soxhlet）提取器连续提取。
2. 滴加浓盐酸前，不溶物要去除干净，否则影响产品的纯度。
3. 得到纯净的黄连素晶体比较困难。将黄连素盐酸盐加热水至刚好溶解，煮沸，用石灰乳调节 pH＝8.5～9.8，冷却后滤去杂质，滤液继续冷却到室温以下，即有针状体的黄连素析出，抽滤，干燥。

【实验思考题】

1. 黄连素为何种生物碱类化合物？
2. 天然产物的提取还有哪些方法？试比较各自的优、缺点。
3. 为何用石灰乳调节 pH？用强碱氢氧化钠是否可以？

【实验注释】

[1] 将粗产品（未干燥）放入 100mL 烧杯中，加入 30mL 水，加热至沸，搅拌沸腾几分钟，趁热抽滤，滤液用盐酸调节 pH 值为 2～3，室温下放置几小时，有较多橙黄色结晶析出后抽滤，烘干即得成品。

5.3 综合性实验

综合性实验是把有机化合物的制备（提取）、分离、提纯、鉴定和结构表征等内容结合在一起的实验，是在完成一定量的基本实验后，由学生独立完成。有助于基本操作技能综合训练与动手能力的培养。可培养学生查找资料、准备实验、观察判断、综合运用理论知识、实验知识、实际操作能力和独立解决实验问题的能力。实验题目主要体现综合性和应用性。

实验 27　乙酰水杨酸的合成与产品纯度鉴定

【实验目的】

1. 掌握水杨酸酯化反应的原理和实验操作。
2. 进一步巩固重结晶的原理和实验方法。
3. 学习乙酰水杨酸产品纯度鉴定方法。

【实验原理】

阿司匹林（Aspirin）学名乙酰水杨酸，是一种广泛使用的解热、镇痛药，用于治疗伤风、感冒、头痛、发烧、神经痛、关节痛及风湿病等，近年来，又证明它具有抑制血小板凝聚的作用，其治疗范围进一步扩大到预防血栓形成，治疗心血管疾患。

阿司匹林由水杨酸（邻羟基苯甲酸）与醋酸酐经酯化反应而得。水杨酸的分子结构中含有酚羟基和羧基两种官能团，处于邻位的羟基和羧基可形成分子内氢键，羟基和羧基都可发生酰化反应，这些因素都将影响乙酰水杨酸的生成。

主反应：

$$\text{C}_6\text{H}_4(\text{OH})\text{COOH} + (\text{CH}_3\text{CO})_2\text{O} \xrightarrow{\text{H}^+} \text{C}_6\text{H}_4(\text{OCOCH}_3)\text{COOH}$$

具有双官能团的水杨酸，在酸存在下会发生缩聚副反应，因此有少量聚合物产生：

$$\text{C}_6\text{H}_4(\text{OH})\text{COOH} + (\text{CH}_3\text{CO})_2\text{O} \xrightarrow{\text{H}^+} [\text{polymer}]_n$$

由于聚合物不溶于 $NaHCO_3$ 溶液，乙酰水杨酸可与 $NaHCO_3$ 生成可溶性钠盐，借此可将聚合物与乙酰水杨酸分离。

乙酰水杨酸产品中另一个主要的副产物是水杨酸，其来源可能是酰化反应不完全的原料，也可能是乙酰水杨酸的水解产物。水杨酸可以在重结晶步骤中除去。

乙酰水杨酸产品纯度测定可以用比色法测定游离水杨酸的含量，也可以用酸碱滴定法测定乙酰水杨酸的含量，还可以根据薄层色谱中是否出现单一点鉴定产品是否纯净。

【实验试剂】

水杨酸 2g(0.014mol)，醋酸酐 5.4g(5mL，0.05mol)，浓硫酸，乙酸乙酯，浓盐酸，乙醇，饱和碳酸氢钠，硫酸铁铵指示液，1%酚酞指示液，0.1mol·L^{-1}氢氧化钠标准溶液，0.1mol·L^{-1}盐酸标准溶液，5% $FeCl_3$ 溶液，活性炭。

【实验步骤】

1. 乙酰水杨酸的制备

在干燥的 50mL 烧瓶中，依次加入 2.0g 水杨酸、5mL 醋酸酐、4~5滴浓硫酸。装上回流冷凝管，摇动烧瓶使水杨酸完全溶解后，慢慢加热至80℃左右，维持此温度约25~30min。将烧瓶从热源上取下，使其慢慢冷却至室温。在不断搅拌下将反应物倒入 50mL 水中，并将该溶液放入冰浴中冷却。充分冷却后，大量固体析出，抽滤，固体用冰水洗涤，并尽量压紧抽干。将滤饼倒入 100mL 烧杯中，搅拌下加入饱和碳酸氢钠水溶液 30mL[1]。加完继续搅拌到无 CO_2 逸出为止。抽滤，除去不溶物并用 5~10mL 水冲洗漏斗。合并滤液，倒入盛有 6mL 浓盐酸和 15mL 水的烧杯中，边倒边搅拌并补加盐酸使溶液的 pH=2。将烧杯放入冰浴中冷却，使结晶完全，抽滤，并用冷水洗涤，抽紧压干固体，得乙酰水杨酸粗品，干燥。

将乙酰水杨酸粗品放入 25mL 圆底烧瓶中，加入 4~6mL 乙酸乙酯，缓缓加热直至固体溶解，趁热抽滤。冷却，乙酰水杨酸渐渐析出[2]（如不析出晶体，可水浴稍加热浓缩后冰水浴冷却），抽滤，干燥，称重，得乙酰水杨酸精品。测熔点（文献值135~136℃），并解析其红外光谱图（图5-26）。

2. 乙酰水杨酸含量测定

(1) 0.1mol·L^{-1} NaOH 标准溶液浓度的标定　准确称取 0.4~0.6g 邻苯二甲酸氢钾

基准物质于 250mL 锥形瓶中，加 20～30mL 水，使之溶解，加入 2～3 滴酚酞指示剂，用待标定的 NaOH 溶液滴定至呈微红色，保持半分钟不褪色，即为终点。平行滴定 3 次，计算 NaOH 溶液的平均浓度与滴定的相对偏差。

（2）0.1mol/L HCl 溶液的标定　准确移取 25.00mL HCl 溶液于 250mL 锥形瓶中，加入 1～2 滴酚酞指示剂，用已标定的 $0.1mol·L^{-1}$ NaOH 溶液滴定至呈微红色且半分钟内不褪色，即为终点。平行滴定 3 次，由酸、碱溶液体积比及 NaOH 溶液的浓度计算 HCl 溶液的准确浓度。

（3）乙酰水杨酸含量测定　取 0.2g 产品（精密称量）于 250mL 锥形瓶中，加中性乙醇 20mL，振摇，使产品溶解，加酚酞指示液 2～3 滴，加氢氧化钠滴定液（$0.1mol·L^{-1}$，事先标定其准确浓度）至溶液显粉红色，再精确移取 $0.1mol·L^{-1}$ 氢氧化钠滴定液 25mL 于锥形瓶中，在振摇下置水浴上加热 15min，迅速放冷至室温，用 $0.1mol·L^{-1}$ HCl 标准溶液滴至红色刚刚消失即为终点。并将滴定的结果用空白实验校正。平行测定 2 次。根据所消耗的 HCl 溶液的体积计算乙酰水杨酸产品中乙酰水杨酸的含量与滴定的相对偏差。

（4）薄层色谱法分析乙酰水杨酸纯度　在同一块薄层色谱板上点上水杨酸和乙酰水杨酸产品，展开后，在紫外灯下观察产品纯度，记录原料和产品的 R_f 值。

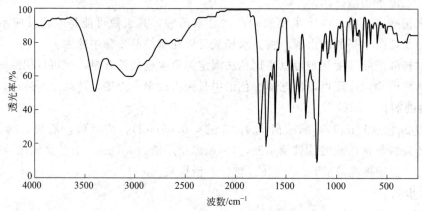

图 5-26　乙酰水杨酸的红外光谱图

【实验思考题】

1. 在反应物中加入少量浓硫酸的目的是什么？是否可以不加？为什么？
2. 本反应可能发生哪些副反应？产生哪些副产物？副产物如何去除？

【实验注释】

［1］当碳酸氢钠水溶液加到乙酰水杨酸中时，会产生大量的气泡，注意分批少量地加入，一边加一边搅拌，以防气泡产生过多引起溶液外溢。

［2］此时应有乙酰水杨酸从乙酸乙酯中析出。若没有固体析出，可用蒸馏或旋转蒸发将乙酸乙酯除去一些，重复操作。也可用乙醇作为重结晶溶剂，将用活性炭脱色并趁热抽滤所得滤液慢慢倾入 25mL 热水中，自然冷却至室温，就有晶体析出。

【实验注意事项】

1. 加热的热源可以是蒸汽浴、电加热套、电热板，也可以是烧杯加水的水浴。若加热的介质为水时，不要让水蒸气进入锥形瓶中，防止酸酐和生成的乙酰水杨酸水解。
2. 加水时要注意，一定要等结晶充分后才能加入。加水时要慢慢加入，同时伴有放热现象，甚至会使溶液沸腾。产生醋酸蒸气，最好在通风橱中进行。

实验28 呋喃甲酸和呋喃甲醇的制备及纯度检验

【实验目的】

1. 学习呋喃甲醛制备呋喃甲醇和呋喃甲酸的原理和方法，加深对歧化反应的认识。
2. 进一步熟悉与巩固洗涤、萃取、低沸点化合物的蒸馏、减压过滤和重结晶等操作，实现同一体系中二组分产物的分离及纯化的目的。
3. 学习通过红外光谱法定性表征，推测产品的纯度。

【实验原理】

在浓的强碱作用下，不含活泼 a-H 的醛类可以发生自身氧化还原反应，一分子醛被氧化成酸，而另一分子醛则被还原为醇，此反应称为坎尼查罗（Cannizzaro）反应。

$$\text{furfural} \xrightarrow{\text{NaOH}} \text{furfuryl alcohol} + \text{sodium furoate}$$

$$\text{sodium furoate} \xrightarrow{\text{HCl}} \text{furoic acid} + \text{NaCl}$$

在坎尼查罗反应中，通常使用浓的氢氧化钠，其中碱的物质的量比醛的物质的量多一倍以上，否则反应不完全，未反应的醛与生成的醇混在一起，通过一般蒸馏很难分离。在碱的催化下，反应结束后产物为呋喃甲醇和呋喃甲酸钠盐。容易看出，呋喃甲酸钠盐更易溶于水，而呋喃甲醇则更易溶于有机溶剂。因此利用萃取的方法可以方便地分离二组分。有机层通过蒸馏得到呋喃甲醇产品，水层通过盐酸酸化即得到呋喃甲酸产品。

【实验试剂】

新蒸呋喃甲醛 8.3mL(9.6g, 0.1mol)，氢氧化钠，无水硫酸镁，盐酸，乙醚。

【实验步骤】

1. 33% NaOH 溶液的配制

在 50mL 烧杯中，放置 4g 氢氧化钠及 8mL 水，搅拌使氢氧化钠溶解，将配制好的氢氧化钠溶液用冰水冷却至 5℃ 左右，备用。

2. 呋喃甲醇的制备

把装有滴液漏斗、温度计和搅拌器的 50mL 三口烧瓶中，加入新蒸馏过的呋喃甲醛 8.3mL，用冰水浴冷却至 8℃ 左右，在不断搅拌下，由滴液漏斗滴入上述配制的 33%NaOH 溶液。控制滴加速度，使反应温度保持在 8~12℃ 之间，滴完后在该温度内继续搅拌 30min，反应混合物呈黄色浆状。在搅拌下加入适量的水（约 9mL）使浆状物刚好全部溶解（为什么?），这时溶液呈暗褐色。

将溶液转入分液漏斗中用乙醚分 3 次（15mL、10mL、5mL）萃取，合并萃取液，加无水硫酸镁干燥后，过滤，将滤液置于恒温水浴蒸馏乙醚。合并萃取液，用无水硫酸镁干燥后，在热水浴上用普通蒸馏装置先蒸出乙醚（回收），然后改用空气冷凝管，用空气浴加热，蒸馏呋喃甲醇，收集 169~172℃ 的馏分（也可减压蒸馏收集 88℃/4.67kPa 的馏分）。用阿贝折光仪测定产品折射率，并与文献值进行比较，分析产品的质量。

3. 呋喃甲酸的纯化

将经乙醚萃取后的水溶液（主要含呋喃甲酸钠），在玻棒搅拌下慢慢滴加浓盐酸酸化，使 pH=2~3，自然冷却至室温，使呋喃甲酸完全析出，抽滤，用少量水洗涤滤饼 1~2 次，得粗产品呋喃甲酸。将粗品溶于适量热水中，加适量活性炭脱色，热过滤，滤液冷却后析出晶体，抽滤，得到的呋喃甲酸为白色针状晶体，干燥，测定熔点。并与文献值进行比较，分析产品的质量。

4. 呋喃甲酸产品的 IR 表征

取适量的呋喃甲酸产品做红外分析，按实验要求操作红外分光光度计，测定自制呋喃甲酸产品的 IR 谱图，标出各吸收谱带的波数和强度，计算其不饱和度，并与标准图谱进行对照，找出各谱带的归属，推断产品的纯度。

纯的呋喃甲醇的文献值：沸点 171℃，折射率 n_D^{20} 1.4868。图 5-27 为呋喃甲醇的红外光谱图。

纯的呋喃甲酸的文献值：熔点 133~134℃。图 5-28 为呋喃甲酸的红外光谱图。

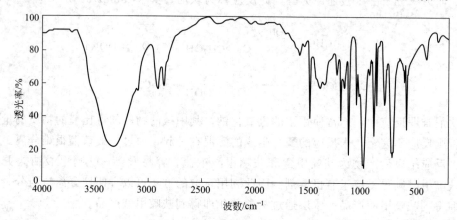

图 5-27　呋喃甲醇的红外光谱图

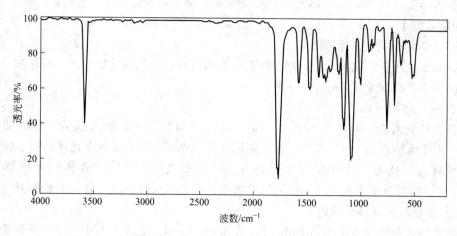

图 5-28　呋喃甲酸的红外光谱图

【实验注意事项】

1. 本反应是在两相中进行，必须充分搅拌。

2. 加碱反应要控制好温度，若温度高于 12℃ 则反应难以控制，副反应增多，颜色变深红色；若温度低于 8℃ 则反应过慢，体系内不断积聚 NaOH，一旦发生反应即可能猛烈而使温度升高。

3. 加水不宜太多，否则易损失产品。

4. 酸要加够，以保证 pH=3 左右，使呋喃甲酸充分游离出来，这是影响呋喃甲酸收率的关键。

5. 重结晶呋喃甲酸可不用加活性炭，直接回流溶解、冷却结晶即可。注意回流时间不能太长，否则产品会分解。

6. 干燥时注意呋喃甲酸 100℃ 有部分升华。

【实验思考题】

1. 为什么呋喃甲醛要重新蒸馏？长期放置的呋喃甲醛可能含有哪些杂质？若不先除去对本实验有何影响？

2. 本实验是将氢氧化钠溶液滴加到呋喃甲醛中，若滴加顺序相反，反应过程有何不同，对产率是否有影响？

3. 反应过程中析出的黄色浆状物是什么？

4. 影响产物收率的关键步骤有哪些？应如何保证完成？

5. 怎样利用 Cannizzaro 反应将呋喃甲醛全部转化为呋喃甲醇？

6. 为什么呋喃甲酸为无色针状结晶体，而实验得到的为黄色固体并混有黑色？如何除去这些杂质？

实验 29　微波辐射促进苯甲酸的合成与其含量的测定

【实验目的】

1. 学习苯甲醇微波氧化合成苯甲酸的原理及方法。
2. 巩固重结晶、减压过滤等基本实验操作技术。
3. 掌握酸碱滴定法测定苯甲酸含量的原理及方法。

【实验原理】

苯甲酸又名安息香酸，苯甲酸及其钠盐可用作乳胶、牙膏、果酱或其他食品的抑菌剂；染色和印色的媒染剂；制药和染料的中间体；制取增塑剂及钢铁设备的防锈剂等。

与常规加热法相比，微波辐射促进合成方法具有显著的节能、提高反应速率、减少污染，且能实现一些常规方法难以实现的反应等优点。从安全的角度考虑，在教学实验中微波实验的规模不宜太大，最好用于高沸点的试剂和固体化合物。

本实验采用高锰酸钾作为氧化剂，在碱性溶液中氧化苯甲醇来制备苯甲酸。高锰酸钾和苯甲醇加热回流后，反应首先得到的是苯甲酸的钾盐和二氧化锰沉淀，将沉淀分离，用盐酸酸化，可得苯甲酸，由于其难溶于水，冷却即可结晶析出。

$$3\,C_6H_5CH_2OH + 4\,KMnO_4 \longrightarrow 3\,C_6H_5COOK + 4\,MnO_2 + KOH + 4\,H_2O$$

$$C_6H_5COOK + HCl \longrightarrow C_6H_5COOH + KCl$$

【实验试剂】

苯甲醇 2.1mL(0.02mol)，高锰酸钾 4.2g(0.027mol)，浓盐酸，0.1mol·L^{-1} NaOH标准溶液，1‰酚酞指示剂，邻苯二甲酸氢钾基准物质，中性乙醇，四丁基溴化铵，pH试纸。

【实验步骤】

(一) 苯甲酸的微波合成

1. 苯甲酸的制备

在 125mL 圆底烧瓶中加入 40mL 水、4.2g 高锰酸钾、2.0g 四丁基溴化铵和 2.1mL 苯甲醇，再加入 10mL 水和几粒沸石。将圆底烧瓶置于微波反应器的炉膛内，装上回流冷凝管，关闭微波炉门，设定反应时间为 16min，反应功率为 60%（满功率为 650W），开启微波反应器。反应结束后，趁热将反应瓶从微波反应器中取出，迅速减压过滤，如滤液呈紫红色，可将滤液放入微波反应器中继续反应 2min。

滤液冷却至室温后，用盐酸酸化至 pH=3~4，放在冰水浴中冷却，固体析出完全后，抽滤，用少许冰水洗涤，得到苯甲酸粗产品。

2. 苯甲酸的纯化

粗产品用水重结晶[1]（如有色，可加入活性炭脱色）。重结晶后的产品放在沸水浴上干燥。

3. 测熔点

用微量法测产品熔点，并与文献值进行比较，分析产品的质量。纯的苯甲酸文献值，熔点 122.13℃。图 5-29 为苯甲酸的红外光谱图。

(二) 滴定分析法测定苯甲酸产品中苯甲酸的含量

1. 0.1mol·L^{-1} NaOH 标准溶液浓度的标定

见本教材实验 27 的实验步骤 2(1)。

2. 苯甲酸含量的分析

分别准确称取 0.3~0.4g 苯甲酸产品二份于两个 250mL 锥形瓶中，各加入 15mL 中性乙醇，轻轻摇动使产品溶解，加入 20mL 蒸馏水及 2~3 滴酚酞指示剂，用 NaOH 标准溶液滴定至呈微红色。计算苯甲酸产品中苯甲酸的含量与滴定的相对偏差。

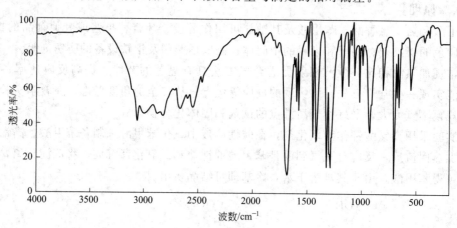

图 5-29　苯甲酸的红外光谱图

【实验注意事项】

1. 要注意使用微波炉的功率，它对反应时间影响很大，过长反应时间，会使产物焦化。在玻璃仪器中做实验，不可密封以防爆炸。本实验的微波功率为 650W，不同微波炉辐射时间应不同。

实验选用的微波反应器及反应条件操作如下：

按 反应时间选择 键 ⟶ 按数字(1800)键 ⟶ 按 反应功率选择 键 ⟶ 按一位数字(6)键 ⟶ 按 启动 键

显示窗显示0：00　　显示所设置的时间　　显示P100　　　　　　显示P-60　　　　　显示倒记时
时钟指示灯闪亮　　　　　　　　　　　　表示初始功率100%　　表示60%功率　　　完毕后显示END蜂鸣

① 所设置的操作条件需要更改或正在运行的实验需要终止时，按 清除 键。

② 反应过程中如果需要微波反应器暂停，可按 暂停 键，当再次按 启动 键后，微波反应器将继续完成原先设定的工作程序。

③ 反应过程中若需对反应体系进行调整，按开门键（勿按 清除 键）。打开炉门时，微波反应器自动停止工作，处理完毕后，关上炉门，微波反应器将继续完成原先设定的工作程序。

2. 微波操作应在教师指导下进行。由于微波反应较为激烈，如发生液泛，应间歇进行。

【实验思考题】

1. 在氧化反应中，影响苯甲酸产量的主要因素是哪些？
2. 精制苯甲酸还有哪些其他方法？
3. 比较微波促进反应与常规加热反应的优缺点。

【实验注释】

[1] 重结晶时，苯甲酸在100g水中的溶解度为 4℃，0.18g；18℃，0.27g；75℃，2.2g。

实验30　红辣椒中红色素的提取、分离及紫外光谱测定

【实验目的】

1. 学习用薄层色谱和柱色谱方法分离天然产物的原理。
2. 学习柱色谱的操作方法。
3. 学习用紫外光谱测定辣椒色素最大吸收光谱的方法。

【实验原理】

红辣椒含有多种色泽鲜艳的天然色素，其中呈深红色素主要是由辣椒红脂肪酸酯和少量辣椒玉红素脂肪酸酯所组成，呈黄色的色素则是β-胡萝卜素。这些色素对人体无毒副作用，广泛应用于食品、海产品、医药及化妆品生产等领域。

辣椒红素

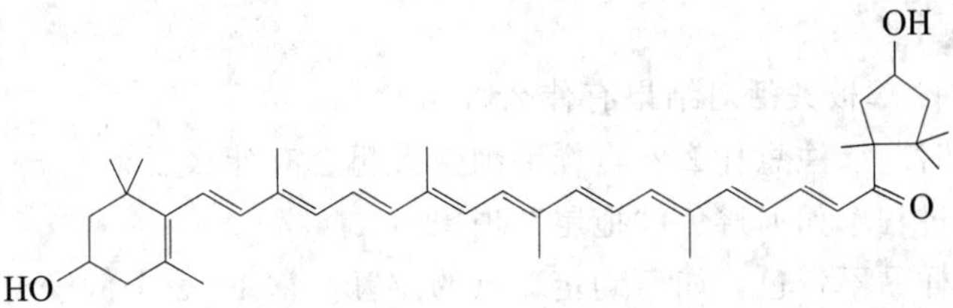

辣椒玉红素

红辣椒中的色素可以通过色谱法加以分离。本实验以二氯甲烷作萃取剂，从红辣椒中提取红色素，然后采用薄层色谱分析，确定各组分的 R_f 再经柱色谱分离，分段接收并蒸除溶剂，即可获得各个单组分。

【实验试剂】

干燥红辣椒，二氯甲烷，石油醚（30~60℃），硅胶 G(100~200 目)，沸石。

【实验步骤】

1. 红色素的提取

在 25mL 圆底烧瓶中，放入 1g 干燥并研碎的红辣椒、几粒沸石和 10mL 二氯甲烷，装上回流冷凝管，加热回流 20min。待提取液冷却至室温，用塞有脱脂棉的小漏斗过滤，除去不溶物，蒸馏回收二氯甲烷，得到浓缩的粗色素混合黏稠液。

2. 红色素的分离

以 200mL 广口瓶作展开槽、二氯甲烷作展开剂。取极少量色素粗品置于小烧杯中，滴入 2~3 滴二氯甲烷使之溶解。在一块硅胶 G 薄板上点样（铺板、活化、点样、色谱分离参见基本训练"色谱分离法"），然后置入展开槽中以二氯甲烷作展开剂进行色谱分离。计算各种色素的 R_f 值。

3. 柱色谱分离

选用内径 1.5cm、长约 20cm 的色谱柱，按照"柱色谱"中记述的方法，用 10g 硅胶 G（200~300 目），用二氯甲烷调成糊状装柱。柱装好后用滴管吸取混合色素的浓缩液，加入柱顶。小心冲洗柱内壁后，改用体积比为 3:8 的石油醚/二氯甲烷混合液淋洗，用不同的接收瓶分别接收先流出柱子的三个色带。当第三个色带完全流出后停止淋洗，旋转蒸发浓缩各组分，得到各组分产品。

4. 紫外吸收测定

分别取少量样品用石油醚溶解、稀释，以石油醚为参比，在紫外-可见分光光度计上测定其吸收光谱，确定各组分的最大吸收波长（λ_{max}）。

【注意事项】

1. 红辣椒要干，且要去籽，充分研细。
2. 硅胶 G 薄板要铺得均匀，使用前活化充分。
3. 色谱柱要装结实，不能有断层。

【思考题】

1. 硅胶 G 薄板失活对结果有什么影响？
2. 点样时应该注意什么？点样毛细管太粗会有什么后果？
3. 层析过程中如何避免"拖尾"现象？
4. 如果样品不带色，如何确定斑点的位置？举 1~2 个例子说明。

实验 31　安息香缩合（辅酶合成）及氧化

【实验目的】
1. 学习安息香辅酶合成的制备原理和方法。
2. 掌握以维生素 B_1 为催化剂合成安息香的实验原理和操作过程。
3. 巩固有机溶剂进行重结晶的操作方法和注意事项。
4. 学习薄层色谱在跟踪反应进程中的应用。

【实验原理】
芳醛在氰化钠（钾）的催化作用下，发生分子间缩合反应生成 α-羟酮的反应称为安息香缩合。安息香缩合最典型、最简单的例子是苯甲醛的缩合反应。在 NaCN 作用下，两分子苯甲醛之间发生缩合反应，可生成二苯乙醇酮（安息香）。但剧毒的氰化物使用和管理都极为不便。如用有生物活性的维生素 B_1 盐酸盐代替氰化物辅酶催化安息香缩合反应，反应条件温和、无毒且产率可得到保证。

维生素 B_1 又称硫胺素盐噻胺，是一种生物辅酶，作为生物化学反应的催化剂，主要对 α-酮酸脱羧和生成 α-羟基酮等三种酶促反应发挥辅酶作用。其结构如下：

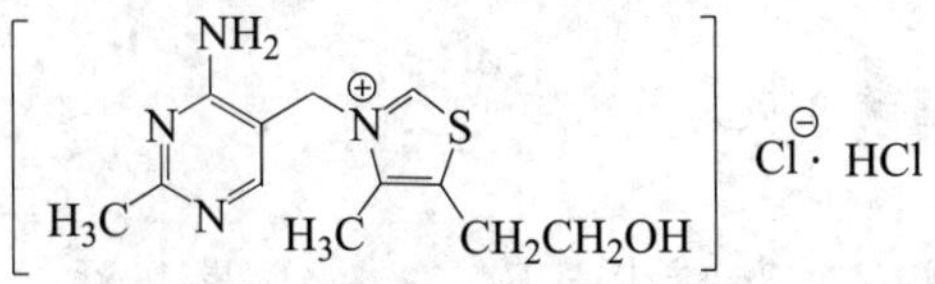

从化学角度来看，硫胺素分子中右侧噻唑环氮硫原子之间碳上的氢具有明显的酸性，在碱的作用下，质子脱去，形成碳负离子作为反应中心，形成苯偶姻。其催化机理如下：

在碱的作用下，产生噻唑环上碳负离子（内鎓盐或叶立德）：

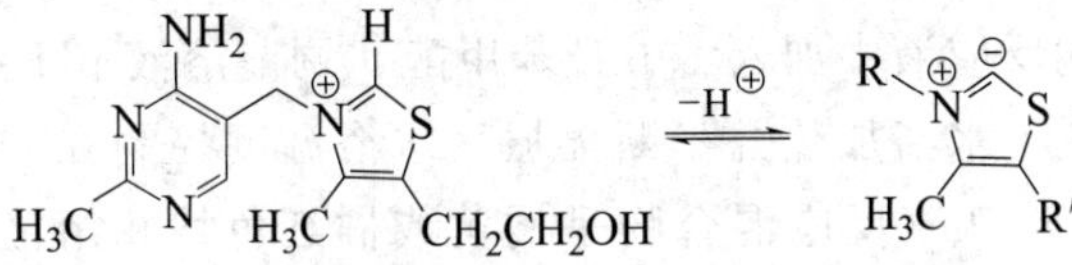

噻唑环上碳负离子亲核进攻苯甲醛的羰基，形成烯醇加合物：

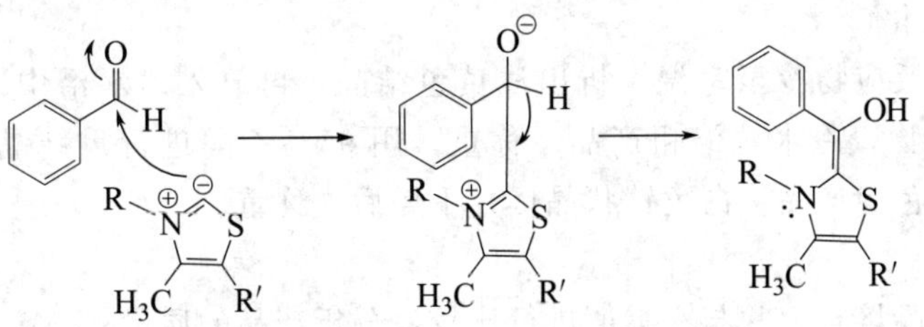

烯醇加合物与另一分子苯甲醛加成生成一个新的辅酶加合物：

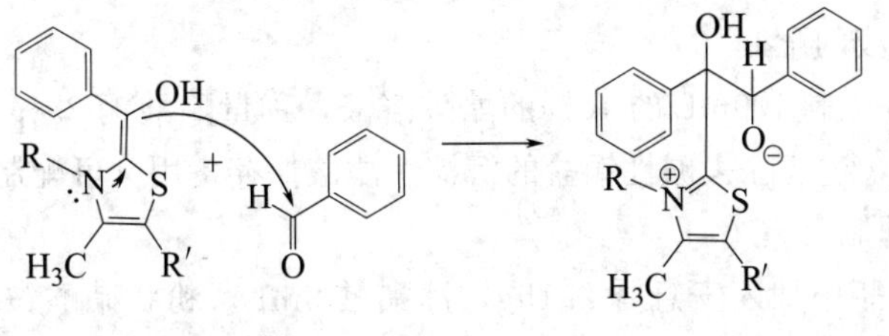

辅酶加合物解离生成安息香，辅酶复原，完成催化作用：

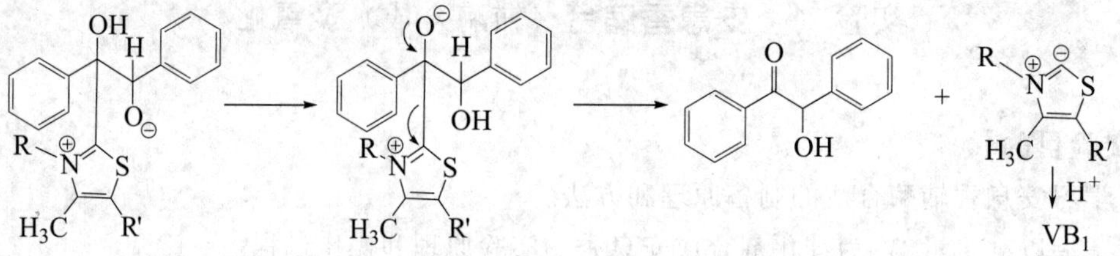

安息香在有机合成中常作为有机中间体，可经氧化制备二苯乙二酮。氧化剂可以为浓硝酸，但还原生成的二氧化氮对环境污染严重。安息香也可以被温和的氧化剂乙酸铜氧化，二价铜离子被还原成亚铜离子。本实验选用催化量的乙酸铜为氧化剂，生成亚铜离子后，不断经硝酸铵重新氧化成铜离子，硝酸铵则被还原成为亚硝酸铵，进一步分解成氮气和水。

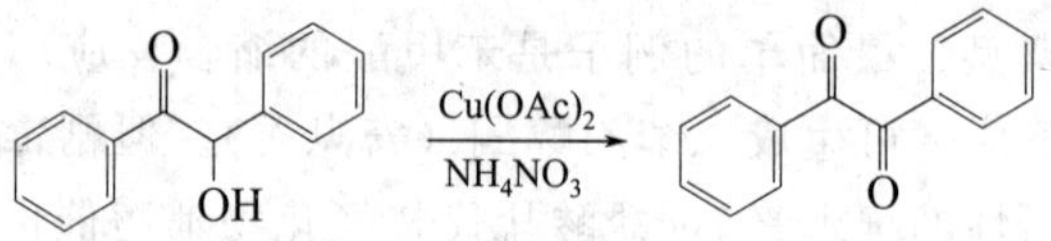

【实验试剂】

新蒸苯甲醛 10mL（10.4g，0.1mol），维生素 B_1（盐酸硫胺素）1.8g（0.005mol），10% NaOH，95%乙醇，活性炭，硝酸铵，2%醋酸铜，冰醋酸。

【实验步骤】

（一）安息香缩合（辅酶合成）

1. 叶立德的制备

在 50mL 圆底烧瓶中加入 1.8g 维生素 B_1，3.5mL 蒸馏水，15mL 95%乙醇，用塞子塞上瓶口，放在冰水浴中充分冷却。用一支试管取 5mL 10% NaOH 溶液，也放入冰水浴中冷却。将冷却的 NaOH 溶液逐滴加入维生素 B_1 的溶液中，并不断摇动，反应液呈黄色。

2. 安息香缩合

冰水浴条件下，上述反应液中加入 10mL 苯甲醛，调节溶液 pH=9~10。撤除冰水浴，加入沸石，安装回流装置，水浴加热并不断摇振。水浴温度控制在 60~75℃之间（不能使反应物剧烈沸腾），反应 1.5h（反应混合物呈橘黄或橘红色均相溶液）。保持 pH 为 9~10（必要时可适当加入 10%氢氧化钠溶液）。

3. 安息香的纯化

撤去水浴，待反应物冷至室温，析出浅黄色结晶，再放入冰水浴中冷却，使之结晶完全。抽滤收集粗产物，冷水洗涤粗产品。称重，用 95%乙醇进行重结晶，如产物呈黄色，可用少量活性炭脱色。产品（白色针状晶体）干燥后，称重。

4. 测熔点

用微量法测产品熔点，并与文献值进行比较，分析产品的质量。

（二）二苯乙二酮的制备

1. 2%醋酸铜溶液的配制

在 250mL 烧杯中配制 100mL 的 10%的醋酸溶液，称量醋酸铜 2.5g（0.0125mol）溶于该溶液中，充分搅拌后，过滤除去碱性铜盐的沉淀，滤液保存备用（可配制一次，供全班使用）。

2. 二苯乙二酮的制备

在 50mL 圆底烧瓶中加入安息香 2.15g，冰醋酸 8mL，粉状硝酸铵 1g 和 2%醋酸铜溶液

1.4mL，安装回流装置，搅拌，缓慢加热。当固体溶解后，开始放出气体，继续回流1.5h至反应完全。将反应混合液降温至50~60℃，在搅拌下倾入20mL冰水中，析出二苯乙二酮晶体。抽滤，固体用冰水充分洗涤，压干，得二苯乙二酮粗产物，粗产物可用75%乙醇重结晶，干燥后，称重。

3. 测熔点

用微量法测产品熔点，并与文献值进行比较，分析产品的质量。

纯的安息香和二苯乙二酮熔点文献值分别为133~137℃和95~96℃。图5-30和图5-31为安息香和二苯乙二酮的红外光谱图。

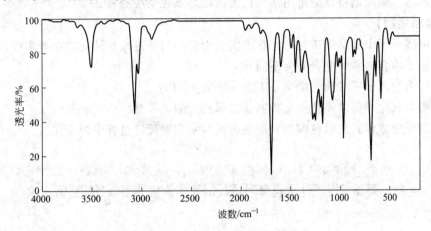

图5-30 安息香的红外光谱图

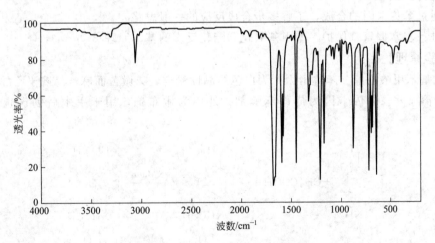

图5-31 二苯乙二酮的红外光谱图

【实验注意事项】

1. 苯甲醛放置过久，常被氧化成苯甲酸，使用前最好经5%碳酸氢钠溶液洗涤，而后减压蒸馏纯化，并避光保存。

2. 维生素B_1在酸性条件下稳定，其质量是本实验成功的关键，应使用新开瓶或原密封保管良好的维生素B_1。维生素B_1易吸水，在水溶液中易被空气氧化失效。遇光和Fe、Cu、Mn等金属离子可加速氧化。在NaOH溶液中嘧唑环易开环失效。因此NaOH溶液在反应前必须用冰水浴充分冷却，否则，维生素B_1在碱性条件下会分解，这是本实验成败的关键。

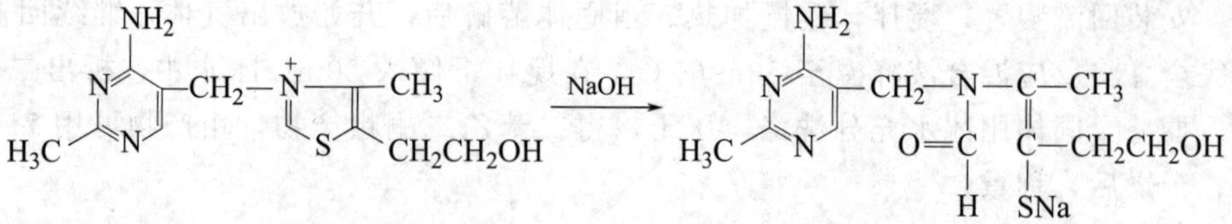

3. 反应过程中，溶液在开始时不必沸腾，反应后期可适当升高温度至缓慢沸腾（80~90℃）。

4. 回流条件下，安息香在95%乙醇中的溶解度为12~14g/100mL。

5. 二苯乙二酮的制备反应可用薄层色谱法跟踪氧化反应进程。

【实验思考题】

1. 苯甲醛分子中羰基碳带正电，在本实验中是如何通过极性转化，成为亲核试剂的？
2. 安息香缩合与羟醛缩合有何不同？
3. 为什么加入苯甲醛前，溶液pH要保持在9~10？
4. 有哪些氧化剂可以氧化安息香制备二苯乙二酮，各有什么优缺点？
5. 试用反应方程式表示硫酸铜和硝酸铵在与安息香反应过程中的变化。

实验 32　对氨基苯甲酸乙酯（苯佐卡因）的制备

【实验目的】

1. 通过苯佐卡因的合成，了解多步合成反应的一般思路。
2. 进一步掌握氨基保护、苯甲基氧化和酯化反应的基本原理。

【实验原理】

对氨基苯甲酸乙酯（苯佐卡因）为白色结晶性粉末，味微苦而麻，易溶于乙醇、氯仿或乙醚，微溶于水。苯佐卡因为局部麻醉剂，外用为撒布剂，用于手术后创伤止痛、溃疡痛等。

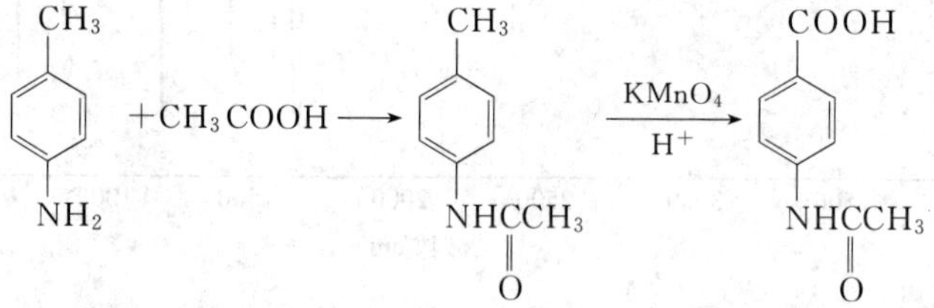

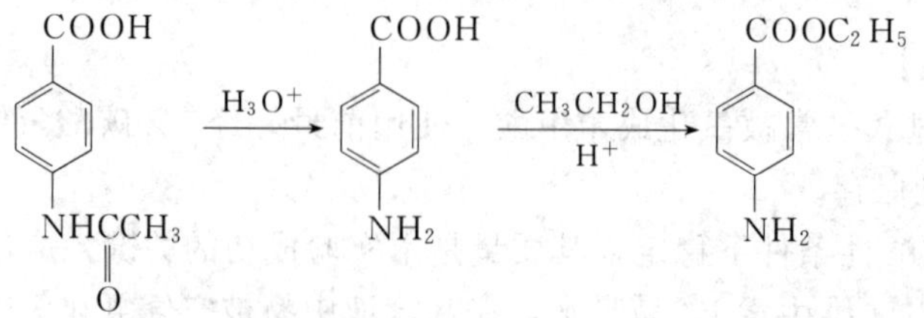

【实验试剂】

对甲苯胺 5.7g（0.053mol），冰醋酸 7.2mL（0.125mol），锌粉，七水合硫酸镁，高锰酸钾，乙醇，浓硫酸，20%盐酸溶液，10%氨水溶液，乙醚，活性炭。

【实验步骤】

1. 对甲基乙酰苯胺的合成

在 50mL 圆底烧瓶中加入 5.7g 对甲苯胺、7.2mL 冰醋酸、0.1g 锌粉，安装分馏装置。加热，保持温度计读数在 100～110℃之间反应约 1h，反应生成的水及部分醋酸可完全蒸出，当温度计读数上下波动时（反应器中可能出现白雾），即可停止加热。在搅拌下趁热将反应物倒入装有 50mL 冷水的烧杯中，继续搅拌，冷却结晶，抽滤。用 5mL 冷水洗涤晶体，除去残留的酸液，干燥，称重。

2. 对乙酰氨基苯甲酸的合成

500mL 烧杯中加入上述制得的对甲基乙酰苯胺、15g 七水合硫酸镁晶体和 270mL 水，将混合物水浴加热到约 85℃，制备 15.5g 高锰酸钾溶于约 50mL 沸水的溶液，充分搅拌下将高锰酸钾溶液在 30min 内分批加到对甲基乙酰苯胺的混合物中，加完后继续在 85℃下搅拌 15min，混合物变深棕色。趁热抽滤除去二氧化锰沉淀，并用少量沸水洗涤二氧化锰，若滤液呈紫色，可加入 1～2mL 乙醇，煮沸直至紫色消失，将滤液再抽滤一次。冷却滤液，加硫酸酸化使 pH≈2，出现白色固体，抽滤压干，干燥后得对乙酰氨基苯甲酸，湿产品可直接进行下一步操作。

3. 对氨基苯甲酸的合成

取上一步的产品对乙酰氨基苯甲酸，每克湿产品加入 4.5mL 20％盐酸到 50mL 烧瓶内进行水解，小火回流 30min。待其冷却，加到装有 25mL 水的烧杯中，烧杯放到冰水浴中。用 10％氨水溶液调节 pH 至有大量沉淀生成，且沉淀量不再增加时为止（pH≈5）。抽滤，称量，测熔点。

4. 对氨基苯甲酸乙酯的合成

在 50mL 圆底烧瓶中加入 1g 对氨基苯甲酸和 12.5mL 95％乙醇溶液，旋摇圆底烧瓶，使对氨基苯甲酸完全溶解，在冰水冷却下，加入 1mL 浓硫酸，立即产生大量沉淀，加热回流 1h（回流过程中沉淀逐渐溶解）。然后将反应混合物转入 250mL 烧杯中，冷却后分批加入饱和碳酸钠至无明显气体释放（pH≈9），然后将溶液转入分液漏斗，加乙醚萃取（2×20mL。注意：使用乙醚时不能用明火加热!），合并乙醚层用无水硫酸镁干燥后，倒入 50mL 圆底烧瓶中，水浴蒸馏回收反应混合物中的乙醚和大部分乙醇（温度在 70～80℃），至剩余油状物约 1mL 为止。再在烧瓶中加入 7mL 50％乙醇溶液（无水乙醇和水按 1∶1 的比例配置）和适量活性炭，加热回流 5min 进行重结晶。趁热抽滤除去活性炭，将滤液置于冰水浴中冷却结晶，抽滤，干燥后称重，测熔点、红外光谱。

纯的对氨基苯甲酸乙酯（苯佐卡因）的文献值：熔点 91～92℃。图 5-32 为对氨基苯甲酸乙酯的红外光谱图。

【实验注意事项】

1. 对氨基苯甲酸是两性物质，碱化或酸化时须严格控制碱或酸的用量。应缓慢滴加冰醋酸，防止过量或形成内盐。

2. 酯化反应结束时，反应液趁热迅速倒出，冷却后可能有苯佐卡因硫酸盐析出。

3. 酯化反应时，饱和碳酸钠的用量要适宜，太少产品难析出，太多可能使酯水解。

【实验思考题】

1. 试提出其他合成苯佐卡因的路线并比较它们的优缺点。

2. 解释对乙酰氨基苯甲酸合成时，加硫酸酸化出现白色固体的原因。

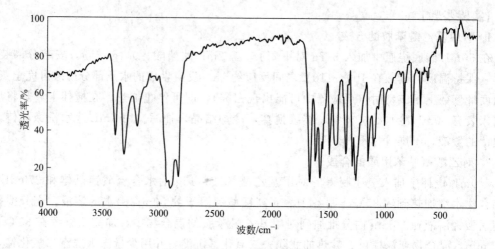

图 5-32　对氨基苯甲酸乙酯的红外光谱图

3. 酯化反应结束后，为什么用饱和碳酸钠调至 pH≈9，而不是 pH≈7？

实验 33 （±）-苯乙醇酸的拆分

【实验目的】
1. 巩固萃取及重结晶操作技术。
2. 了解酸性外消旋体的拆分原理和实验方法。

【实验原理】
苯乙醇酸（俗名扁桃酸 mandelic acid，又称苦杏仁酸），作为医药中间体，用于合成环扁桃酸酯、扁桃酸乌洛托品及阿托品类解痛剂，也可用作测定铜和锆的试剂，一般用化学方法合成的扁桃酸是外消旋体，只有通过手性拆分才能获得对映异构体。

利用天然光学活性的（−）-麻黄素作为拆解剂，通过与外消旋的苦杏仁酸作用，生成非对映体的盐。根据两种非对映体的盐在无水乙醇中的溶解度不同，用分步结晶的方法将它们拆分，再酸化已拆分的盐，使苦杏仁酸重新游离出来，得到较纯的（−）-苦杏仁酸和（＋）-苦杏仁酸。天然（−）-麻黄素的结构为：

$$\begin{array}{c} CH_3 \\ H\!\!-\!\!\!-\!\!NHCH_3 \\ H\!\!-\!\!\!-\!\!OH \\ C_6H_5 \end{array}$$

【实验试剂】
（±）-苯乙醇酸（苦杏仁酸）3.0g（0.02mol），盐酸麻黄碱 4.0g（0.02mol），无水乙醇，氢氧化钠，乙醚，浓盐酸，无水硫酸钠。

【实验步骤】
1. 麻黄碱的制备

称取 4g 市售盐酸麻黄碱于 50mL 锥形瓶中，加入溶有 1g 氢氧化钠的 15mL 水溶液，振荡混合，使溶液呈碱性。冷却后用乙醚萃取两次（2×15mL），合并醚层并用无水硫酸钠干燥，蒸除溶剂乙醚，即得（-）-麻黄碱。

2. 非对映体的制备与分离

在 50mL 圆底烧瓶中加入 10mL 无水乙醇、3.0g（±）-苯乙醇酸，振荡使其溶解。然后缓慢加入（-）-麻黄碱的乙醇溶液［上一步骤制备的产品（-）-麻黄碱与 25mL 无水乙醇配成］，在 85~90℃ 水浴中隔绝潮气回流 1.5~2h。冷却混合物至室温，再用冰水浴冷却使结晶完全。析出晶体为（-）-麻黄碱·（-）-苯乙醇酸盐，（-）-麻黄碱·（+）-苯乙醇酸盐仍留在乙醇中，抽滤即可将其分离。（-）-麻黄碱·（-）-苯乙醇酸盐粗品用约 40mL 无水乙醇重结晶，得无色晶体。重新用约 20mL 无水乙醇再结晶一次，得到白色粒状。将晶体溶于 20mL 水中，滴加浓盐酸（约 1mL）酸化使溶液呈酸性，每次用 10mL 乙醚萃取两次，合并醚层并用无水硫酸钠干燥，滤去干燥剂，水浴蒸除乙醚后即得（-）-苯乙醇酸白色晶体。干燥，称重。萃取后的水溶液经处理可回收麻黄碱。

将抽滤（-）-麻黄碱·（-）-苯乙醇酸盐后的滤液及两次重结晶（-）-麻黄碱·（+）-苯乙醇酸盐后的乙醇溶液混合，水浴加热蒸除乙醇。用 20mL 水溶解残余物，再滴加浓盐酸酸化，使固体刚好全部溶解。用 30mL 乙醚分三次萃取，合并醚层并用无水硫酸钠干燥，滤去干燥剂，蒸除乙醚，即得（+）-苯乙醇酸。

3. （-）-麻黄碱的回收

萃取后含有麻黄碱的水溶液倒入烧杯加热浓缩至刚有晶体出现后，冷却结晶，抽滤，干燥，即得（-）-麻黄碱。

4. 测定旋光度

将产品苯乙醇酸的两种对映异构体分别配成 2% 的水溶液，测定旋光度并计算比旋光度（纯的苯乙醇酸的文献值：$[\alpha]=+156°$ 或 $-156°$）。图 5-33 为苯乙醇酸的红外光谱图。

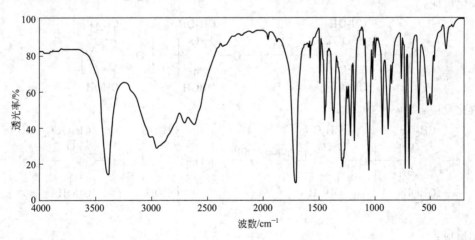

图 5-33　苯乙醇酸的红外光谱图

【实验注意事项】

1. 由于麻黄碱素可用于制备冰毒，药品的使用需有严格的监管制度。
2. 为保证（-）-麻黄碱·（-）-苯乙醇酸盐析出的纯度，反应后冷却结晶时，不要摇动和用玻璃棒摩擦瓶壁，静置自然结晶，以免（-）-麻黄碱·（+）-苯乙醇酸盐随之析出。
3. 乙醚沸点低且易燃，蒸馏除去乙醚时切记不可用明火。蒸出的乙醚可用于下一步萃取。

4. （+）-苯乙醇酸纯品较难得到，学生实验时建议只分离（-）-麻黄碱。

【实验思考题】
1. 成盐法拆分对映异构体的原理是什么？
2. 反应液经酸化后为什么需要再次用乙醚萃取？

实验 34　羧甲基淀粉的制备、结构表征及取代度测定

【实验目的】
1. 学习淀粉的化学改性基本原理，掌握羧甲基淀粉的制备方法。
2. 学习羧甲基淀粉取代度的测定原理，掌握测定方法。
3. 学习用红外光谱仪测定固体有机物红外光谱的方法。

【实验原理】
淀粉由于分子间和分子内存在很强的氢键作用，难以溶解和熔融，加工性能差，限制了淀粉的使用，但淀粉经过改性后，引入的基团可以破坏这些氢键作用，使得淀粉能够进行加工成型。醚化改性中，羧甲基化是淀粉改性常用的方法之一。羧甲基淀粉（CMS）的应用，请查阅文献，并在实验报告中给予阐明）。由于氢键作用，使得淀粉难以与小分子发生化学反应，通常将淀粉在低温下与 NaOH 溶液进行处理，破坏分子间和分子内的氢键，使之转变成为活性很高的碱淀粉（膨化），低温处理有利于淀粉与碱结合，并可抑制淀粉的水解，淀粉的吸碱过程并非单纯的物理吸附，葡萄糖单元中的羟基能与碱形成醇盐。

膨化反应：

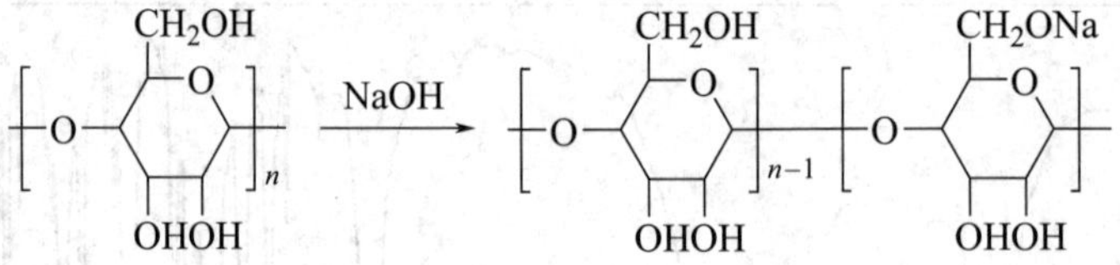

[膨化反应结构式]

醚化反应：

[醚化反应结构式]

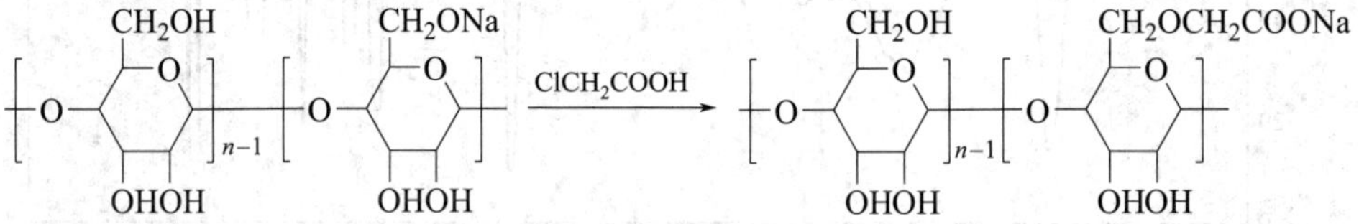

副反应：

$$ClCH_2COOH \xrightarrow{2NaOH} HOCH_2COONa$$

醚化反应是双分子的亲核取代反应。反应结束后，用适量的酸中和未反应的碱，经分离、精制、干燥后得到所需产品。

取代度是衡量羧甲基淀粉性能的重要指标之一，可采用酸碱滴定法测定 CMS 的取代度。先将 CMS 用盐酸酸化成酸性，然后将过量的盐酸洗去，真空干燥得酸化 HCMS 产品。将 HCMS 溶解在过量的 NaOH 标准溶液中，以酚酞为指示剂用 HCl 标准溶液返滴定，从返滴定的标准酸消耗量计算出试样中—OCH_2COOH 的物质的量（mmol）A，则取代度

DS 为：

$$DS = \frac{0.162A}{(1-0.058A)}$$

式中，0.058 是 1mmol 的—OH 转变为—OCH$_2$COOH 净增的分子量。

【实验试剂】

乙醇，氯乙酸，45%氢氧化钠溶液，淀粉，盐酸，0.1mol·L^{-1}标准氢氧化钠溶液，0.1mol·L^{-1}标准盐酸溶液，酚酞指示剂，硝酸银溶液，pH试纸。

【实验步骤】

将 10~20mL 乙醇、45%的 NaOH 溶液 2mL 加到三口烧瓶中，缓慢加入 6g 淀粉，于 30℃剧烈搅拌 40min，即进行淀粉的碱化。将氯乙酸加到乙醇中配成 75%的溶液，向三口烧瓶中加入 2mL，充分混合后，升温至 60~70℃反应 2.5h，冷却至室温，用 10%的稀盐酸中和至 pH=4，抽滤，用少量乙醇洗涤。干燥、粉碎、称重。

取代度的测定：将 0.5g 淀粉溶于 20mL 用乙醇配制的 1mol·L^{-1} HCl/CH$_3$CH$_2$OH 溶液中，搅拌 2h，使淀粉的羧甲基钠完全酸化，抽滤，用蒸馏水洗至无氯离子，用过量的 NaOH 标准溶液溶解，得到透明溶液，以酚酞作指示剂，用盐酸标准溶液滴定至终点，计算取代度。

样品的结构表征：取干燥样品进行红外光谱检测，并对所得图谱进行解析。

图 5-34 为羧甲基淀粉的红外光谱图。

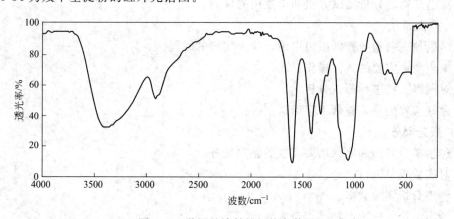

图 5-34 羧甲基淀粉的红外光谱图

【实验思考题】

1. 淀粉中葡萄糖单元上的哪个羟基最容易与碱形成醇盐？碱浓度过大对醚化反应有何影响？
2. 二级和三级氯代烃为什么不能作为淀粉的醚化剂？
3. 取代度的计算公式是如何得到的？

5.4 设计性实验

为了激发学生的学习积极性，培养学生查阅文献资料、独立思考、设计实验的能力，在实验课的后期，应安排若干个设计性实验。设计性实验是由教师给出一些合成题目，也可以让学生选择感兴趣的题目，自主设计实验方案、独立操作完成的实验。包括对产物的制备、分离、提纯、鉴定的全过程。

学生可以自己单独完成，也可以几个同学一组进行研究。实验前，教师带领学生进行实验原理和步骤等的阐述与讲解并参加讨论给予适当的指导，改进、优化实验方案。设计者独立完成实验过程及实验结果的处理、分析和讨论，这种实验方法不仅培养学生的实验积极性和主动性以及查阅文献的能力，提高学生的创新与综合能力；而且提高了学生分析问题和解决问题的能力，同时也加强了综合素质的培养。

5.4.1 具体实验要求

（1）预习部分

① 学生在拟订实验方案时，首先需要明确实验的目的与要求，然后查阅文献资料，了解反应物和产物及使用的其他物质的物理常数，结合实验室具体条件，确定实验规模，选择或拟订适当的方案。

② 设计合成方法，确定实验条件和步骤（包括对制备的化合物进行分离和提纯，分析可能存在的安全问题，并提出相应的解决策略）。

③ 列出使用的仪器设备，并画出实验装置图。

④ 提出反应的后处理方案。

⑤ 提出产物的分析测试方法和拟使用的仪器。

（2）实验部分

① 学生预先向指导教师提出申请，确定实验的时间。

② 学生完成实验的具体操作。

③ 对所得产物进行测试分析。

④ 做好实验记录，教师签字确认。

（3）报告部分

① 包括实验目的和要求所要完成的各项任务。

② 对实验现象进行讨论。

③ 整理分析实验数据。

④ 给出结论，确定产物是否符合要求。

5.4.2 评分标准

满分 10 分。其中完成预习部分的各项要求 3 分，圆满完成实验 4 分，报告撰写合理 3 分。

实验 35　离子液体的制备及在有机合成中的应用

【实验背景】

离子液体是指在室温或接近室温下呈现液态的、完全由阴阳离子所组成的盐，也称为低温熔融盐。一般而言，离子化合物熔融成液体需要很高的温度才能克服离子键的束缚，如

NaOH 的熔点为 803℃。由于通常的离子化合物都是固体，所以在以往的印象中，离子液体必然与高温相联系，但高温状态下物质的活性大，容易分解，很少可以用作反应和分离的溶剂。室温离子液体的出现，引起了各国学者的极大关注。离子液体作为离子化合物，其熔点较低的主要原因是由于其结构中某些取代基的不对称，使离子不能规则地堆积成晶体所致。所以，从这个意义上说，离子液体是非水非质子溶剂。它一般由有机阳离子和无机阴离子组成，常见的阳离子由咪唑盐离子、吡咯盐离子、季铵盐离子、季磷盐离子等，阴离子有卤素离子、四氟硼酸根、六氟磷酸根等。

离子液体的制备主要是通过酸碱中和或季铵化反应一步合成，此法操作较为简便，副产物少、产品容易纯化。对于阳离子 X 型的离子液体，也可通过季铵化反应先制成含目标阳离子的卤盐，再用目标阴离子置换出卤离子得到目标产物，水洗后再用有机溶剂将目标产物提取出来，真空脱去溶剂即可。

【实验设计要求】

1. 查阅相关文献资料，总结离子液体的特点、发展动态及在有机合成中的应用，特别是二烷基类咪唑型离子液体的制备及其在有机反应中的应用研究。
2. 根据文献选择合适的方法制备两种含咪唑基的离子液体并进行表征。
3. 选择一个合适的模型反应如酯化反应、傅-克酰基化反应等，将合成的离子液体用于其中，进行考察，并与传统有机溶剂进行比较。
4. 在模型反应中，研究离子液体的用量、原料物质的量配比、反应温度及反应时间等因素对反应转化率和选择性的影响，优化反应条件。
5. 选择合适的分析方法（气相色谱、高压液相色谱、化学分析法等），对产物进行分离、纯化及表征。
6. 总结实验研究结果，撰写实验报告。

【实验内容参考】

1. 制备 $[\text{H}_3\text{C}-\text{N}\underset{\text{C}_4\text{H}_9}{\overset{+}{\text{N}}}]\text{Br}^-$

2. 制备 $[\text{H}_3\text{C}-\text{N}\underset{\text{C}_4\text{H}_9}{\overset{+}{\text{N}}}]\text{AlCl}_4^-$

3. 制备 $[\text{H}_3\text{C}-\text{N}\underset{\text{C}_4\text{H}_9}{\overset{+}{\text{N}}}]\text{BF}_4^-$

实验 36　以硝基苯为原料合成对溴苯胺

【实验背景】

对溴苯胺是很重要的化工中间体，其合成具有十分重要的意义。对溴苯胺广泛应用于医药、合成染料、颜料等精细化工产品的合成，它在精细化工生产中有着不可替代的地位。在医药中，对溴苯胺作为医药中间体所合成的药物可用于治疗气喘、肾炎、增生病、神经紊乱、帕金森等疾病，尤其是可作为抗癌药的中间体。

在染料中，用对溴苯胺作为原料能够制备传统的硫化和偶氮染料，同时还可以制备香豆素类荧光染料，这类染料是高档荧光染料，具有发射强度高、色光鲜艳、荧光强烈等优点。

在农药中，主要制备草酰基苯胺类药物，有利于小麦属植物授粉。

对溴苯胺还用于制备抗污剂、抗氧剂、稳定剂、石油添加剂等。在材料方面，对溴苯胺能制备氰基联苯型液晶材料，性能好，对光、热的稳定性好，还具有良好的防湿性能。

【实验设计要求】

1. 查阅相关文献资料，总结以硝基苯为原料合成对溴苯胺的多种方法。比较各种合成方法的优劣。

2. 结合文献和实验室条件选择一种合适的方法，设计合理的实验步骤，分析各步反应的实验条件（包括实验装置、实验参数设置、实验成本、废液回收及环保要求等）。

3. 考察原料物质的量比、反应温度、反应时间等因素对反应转化率的影响，优化反应条件。

4. 选择合适的分析方法对产物进行分离、纯化及表征。

分析影响产率和纯度的因素，总结实验研究结果，撰写实验报告。

附：对溴苯胺的红外光谱图（见图5-35）

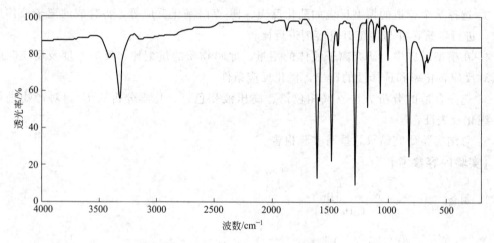

图5-35　对溴苯胺的红外光谱图

实验37　2-甲基苯并咪唑的制备

【实验背景】

2-甲基苯并咪唑及其衍生物具有良好的生物活性，广泛应用于医药、农药、防腐等领域，特别是制备具有生物活性的化合物，具有抗癌、抗真菌、消炎、治疗低血糖和生物紊乱等功效，在药物化学中具有非常重要的意义。同时，2-甲基苯并咪唑也能使聚合物产生交联，也是环氧树脂及其他树脂的固化剂。作为环氧树脂的中温固化剂时，可以单独使用，但主要用作粉末成型和粉末涂装的固化促进剂，可显著提高聚合物的耐热、耐油、耐磨、力学强度等性能。

环化反应是指在有机化合物分子中形成新的碳环或杂环的反应，也称闭环或成环缩合。

在形成碳环时,是以形成碳-碳键来完成环合反应的;在形成含有杂原子的环状结构时,它可以形成碳-碳键的方式来完成环合反应,也可以形成碳-杂原子键(C—N、C—O、C—S键等)的方式来完成环合反应,有时也可以是在两个杂原子之间成键(N—N、N—S键等)来完成环合反应。2-甲基苯并咪唑通常是以邻苯二胺和乙酸为原料进行成环缩合反应制备:

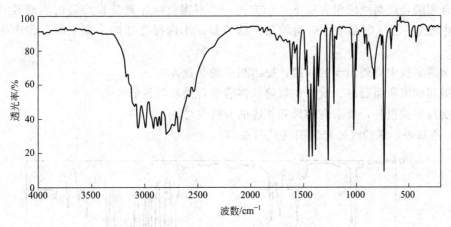

微波辅助促进的有机反应能够大大提高反应速率,同时具有选择性好、产率高等优点,已证明大量的有机反应可在微波辐射下得到明显促进。

【实验设计要求】

1. 以邻苯二胺和乙酸为原料,分别采用溶液常规加热法和微波辐照法合成制备 2-甲基苯并咪唑。

2. 查阅相关文献资料,拟定合理的制备路线。

3. 合理的制备路线包括以下内容:(1)合适的原料配比;(2)反应温度、时间等主要反应参数;(3)满足实验要求的合成装置,其中微波促进的有机合成最好采用专用的微波反应器。

4. 列出实验所需要的所有仪器和试剂。

5. 合适的分离、提纯手段和操作步骤,产物的表征方法。

6. 总结实验研究结果,撰写实验报告。

附:2-甲基苯并咪唑的红外光谱图(见图 5-36)

图 5-36 2-甲基苯并咪唑的红外光谱图

实验 38 香料乙基香兰素的合成

【实验背景】

乙基香兰素,又称乙基香草醛,是白色至微黄色鳞片结晶性粉末,它是由德国的 M. 哈尔曼博士与 G. 泰曼博士于 1874 年合成成功的,是人类所合成的第一种香精。其香气是香兰素的3~4倍，具有浓郁的香荚兰豆香气，且留香持久，广泛用于食品、巧克力、冰激凌、饮料以及日用化妆品中起增香和定香作用，还可做饲料添加剂、制药行业的中间体等。

生产乙基香兰素的原料较多，常用的是乙基愈创木酚为原料的合成方法，如乙基愈创木酚-乌洛托品法、乙基愈创木酚-甲醛法、乙基愈创木酚-三氯乙醛法、乙基愈创木酚-氯仿法等。除一般化学法外，还有电解法合成乙基香兰素。其中常用的乙基愈创木酚-乙醛酸法的合成路线如下：

【实验设计要求】
1. 查阅相关文献，总结研究现状。
2. 以乙基愈创木酚为主要原料，选择合理的反应路线合成目标产物，并对合成产物进行表征。
3. 设计实验方案时，应该考虑合成的收率和三废问题。
4. 合理的合成路线应包含以下几个方面：①根据反应原理选择合适的实验装置；②合适的原料配比；③反应温度、时间等条件的控制；④选择合适的分离手段；⑤产物结构的表征。
5. 预测实验中可能出现的问题，提出相应的处理方法。
6. 提前列出所需药品、设备和玻璃仪器清单，供教师提前准备。
7. 撰写实验报告，要求有结果和相应的分析与讨论。

附：乙基香兰素的红外光谱图（见图5-37）

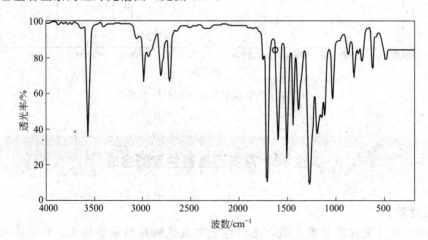

图5-37 乙基香兰素的红外光谱图

实验39　3,3′-(取代苯亚甲基) 双吲哚化合物的制备

【实验背景】

吲哚类化合物在自然界中广泛存在，其结构单元充分体现在诸多的天然产物和药物中。其中，双吲哚类生物碱是一类具有重要生物活性的化合物，在抗癌和抗真菌领域都有显著的作用。如 3,3′-双吲哚甲烷对多种肿瘤细胞具有明显的体外抑制活性，可拟制多种肿瘤细胞的生长，并能够诱导细胞死亡及抑制血管瘤等。

近几年来，双吲哚甲烷的合成方法报道很多。研究人员致力于寻找产率高、反应条件温和、操作简便的合成方法。其反应原理如下：

【实验设计要求】

设计由下列物质：4-甲氧基苯甲醛、4-甲基苯甲醛、苯甲醛、4-氯苯甲醛、3-氯苯甲醛、2-氯苯甲醛、4-硝基苯甲醛和4-三氟甲基苯甲醛及其他取代苯甲醛中，先任选一种取代基的苯甲醛为反应物与吲哚在酸性催化剂（质子酸、路易斯酸或其他酸性物质）和适当的溶剂（甲醇、乙腈、四氢呋喃、二氯甲烷等）中制备相应的 3,3′-(取代苯亚甲基) 双吲哚化合物，并将该条件拓展至另两种不同电性或位置取代基的取代苯甲醛。

具体任务如下：

1. 查阅文献资料，根据调研结果，写出 500 字以上的文献综述。
2. 根据反应原理和文献调研、实验室的具体情况，设计实验选题中的 3,3′-(取代苯亚甲基) 双吲哚化合物的制备方案，并实施操作，包括产品的制备、分离、提纯、鉴定的全过程。
3. 根据实验方案，完成 3,3′-(取代苯亚甲基) 双吲哚化合物的制备。
4. 在设计实验方案的条件下，依据实验结果，讨论苯甲醛芳环上取代基影响苯甲醛与吲哚的 Friedel-Crafts 烷基化反应的规律。
5. 总结实验研究结果，撰写实验报告。

实验40　α-溴代苯乙酮类化合物的制备

【实验背景】

α-溴代苯乙酮类化合物是重要的有机合成中间体，可广泛应用于医药、农药等化学品的合成中。因此，它的合成方法受到了普遍的关注。由苯乙酮与溴代试剂直接进行羰基α位溴代是合成α-溴代苯乙酮类化合物最为常见的方法。其中液溴由于价格较低，在工业中较为常用，然而其挥发性强，单溴代选择性差，且生成酸性副产物（HBr），因此各种安全性问题

及环境问题使其应用日益受到限制。因此，多种绿色的溴代试剂被陆续开发并应用于该类反应。其反应原理如下：

$$R \overset{O}{\underset{}{\bigcirc\!\!-\!\!C\!\!-\!\!CH_3}} \xrightarrow[\text{催化剂，溶剂}]{\text{溴代试剂}} R \overset{O}{\underset{}{\bigcirc\!\!-\!\!C\!\!-\!\!CH_2Br}} + R \overset{O}{\underset{}{\bigcirc\!\!-\!\!C\!\!-\!\!CHBr_2}}$$

主产物　　副产物

【实验设计要求】

设计由下列物质：4-甲氧基苯乙酮、4-甲基苯乙酮、苯乙酮、4-氯苯乙酮、3-氯苯乙酮、2-氯苯乙酮、4-硝基苯乙酮和4-三氟甲基苯乙酮及其他取代苯乙酮中，先任选一种取代基的苯乙酮为反应物与溴代试剂（NBS、DBH、三溴吡啶、H_2O_2-HBr、$KBrO_3$-HBr等）在催化剂（质子酸、路易斯酸或其他类型催化剂）和适当的溶剂（甲醇、乙腈、四氢呋喃、二氯甲烷等）中制备相应的 α-溴代苯乙酮类化合物，并将该条件拓展至另两种不同电性或位置取代基的取代苯乙酮。

1. 查阅文献资料，根据调研结果，写出500字以上的文献综述。
2. 学习取代苯乙酮与溴代试剂反应制备 α-溴代苯乙酮类化合物的原理。

根据反应原理和文献调研及实验室的具体情况，设计 α-溴代苯乙酮类化合物的制备方案，包括产品的制备、分离、提纯、鉴定的全过程。

3. 根据实验方案，完成 α-溴代苯乙酮类化合物的制备。

在设计实验方案的条件下，依据实验结果，讨论苯乙酮芳环上取代基影响苯乙酮的羰基 α 位溴代反应的规律。总结实验研究结果，撰写实验报告。

4. 进一步了解科学研究的基本过程，提高应用知识和技能进行综合分析、解决实际课题的能力。

5.5　研究性实验

近年来，研究型教学逐渐成为培养创新型人才的重要途径。研究性实验是把有机化学实验教学和科研训练相结合、融多样化教学形式为一体的教学环节。重在科研能力的训练和创新思维的培养。了解学科发展与科技创新的前沿领域，受到良好科研氛围的熏陶。学生在课程老师或导师的指导下，结合掌握的大量文献资料，选定合理可行的研究路线，反复修改、完善实验方案，优化实验参数，完成研究内容，力争得到创新性结果。

【文献来源】

中文文献：CNKI、万方数据库等。

英文文献：Springer-Link 电子期刊、EBSCO 数据库、Elsevier Science Direct 等。

实验41　3-(2,5-二甲基苯氧基)-1-卤代丙烷的制备及反应过程跟踪

【研究背景】

3-(2,5-二甲基苯氧基)-1-卤代丙烷是降血脂药物吉百非罗齐的重要中间体，也是有机合

成中极为有用的 ω-卤代烷基芳基醚之一。

卤代丙烷传统的制备方法是采用经典的威廉姆逊（Williamson）制备法，以 2,5-二甲基苯酚为原料，加入 NaOH 溶液制成酚钠后与 1-氯-3-溴丙烷发生亲核取代反应。在此反应条件下，反应物 2,5-二甲基苯酚钠与 1-氯-3-溴丙烷分别位于水相及有机相中，因此产率较低，通常在 50% 以下；反应时间长，需沸水浴中搅拌反应 4h；用薄层色谱跟踪反应终点时，至少有四个斑点，即使延长反应时间也难以使原料酚的斑点消失。由于副反应多，产品的纯化十分困难，整个操作过程较为烦琐。

相转移催化技术是 20 世纪 60 年代发展起来的，并在有机合成中得到广泛应用的一种创新技术。它通过加入催化剂量的第三种物质（相转移催化剂）或采用具有特殊性质的反应物，使某一反应物从一相转移到另一相中，并与后一相中的另一种反应物发生反应，从而使非均相反应变为均相反应，确保并加速了反应的顺利进行。近年来随着相转移反应研究的不断深入，相转移催化技术在许多有机反应中得到应用，尤其是在无机亲核试剂与有机底物的亲核取代反应过程中，成功地解决了经典方法制备该类化合物的诸多弊端。3-(2,5-二甲基苯氧基)-1-卤代丙烷的制备反应中常用的相转移催化剂为𬭩盐类，以季铵盐为主，使用不同的催化剂反应的产率会有所差异。

【反应式】

【研究内容】

1. 查阅相关文献，总结 3-(2,5-二甲基苯氧基)-1-卤代丙烷的用途及合成方法、目前合成该化合物所选用的相转移催化剂的研究进展。

2. 根据文献，选择 3 种以上不同的相转移催化剂，以 3-(2,5-二甲基苯氧基)-1-氯丙烷的产率为目标，对 3 种相转移催化剂进行比较研究。催化剂的选择参考如下要求：
(1) 能提高反应速率，提高反应的专一性。
(2) 价廉易得、低毒性、易回收，可循环使用。
(3) 反应在无溶剂条件下进行，操作简便，能源消耗低。
(4) 产品容易分离、提纯。

该反应中常用的相转移催化剂有新洁尔灭、2-羟基丙基硫酸四丁基铵盐（TBASHP）、氯化四丁基铵（TBAC）、氯化苄基三乙基铵（TEBA）等。

3. 根据文献资料结合本校实验室条件，设计出以 2,5-二甲基苯酚及 1-氯-3-溴丙烷为原料制备 3-(2,5-二甲基苯氧基)-1-氯丙烷的实验方案，合理的实验方案包括以下内容。
(1) 合适的原料配比及用量、具体的催化剂用量及反应温度等参数。
(2) 详尽的操作步骤、产物的分离提纯的方案及粗产物的纯化方案。
(3) 对粗产物进行 TLC 定性分析的具体方案（展开剂、吸附剂、显色方法）。

4. 用 TLC 跟踪反应，观察反应过程中反应混合物组成变化，确定反应时间。

5. 实验前通过集体讨论对实验方案进行可行性论证，预测实验中可能出现的问题并提出相应的解决方案。

6. 总结实验研究结果，按一般科技论文格式撰写总结报告。

实验42　乙酸异戊酯制备的实验条件研究

【研究背景】

酯类是重要的有机精细化学品，通常是由有机酸与醇经过酯化反应获得。酯化反应为可逆反应，其特点是速率慢、产率不高。为了加快可逆反应速率，通常采用添加催化剂和加热的方法。酯化反应常用的催化剂有浓硫酸、磷酸等质子酸，也可用固体超强酸及沸石分子筛等。

影响酯化反应的因素主要有反应物的结构、配料比、催化剂、反应温度等，它们都会影响反应平衡、反应速率和转化率。

为了使可逆反应向生成物方向进行，提高产量，通常采用增加某一种反应物用量或减少生成物的量两种方法来实现。选择使用过量的酸还是过量的醇，取决于原料来源难易，产物分离纯化和过量物料分离回收的难易程度。过量多少则取决于具体反应和具体物料的特点。

酯化反应减少生成物的量一般都是利用形成低沸点共沸物来进行。如果所生成酯的沸点较高，可向反应体系中加入能与水形成共沸物的第三组分（带水剂），把水带出反应体系。常用的带水剂有苯、甲苯、环己烷、二氯乙烷、氯仿、四氯化碳等，它们与水的共沸物低于100℃，且容易与水分层。

【研究内容】

1. 查阅相关文献资料。总结酯化反应的特点、羧酸酯合成的一般方法及催化剂的应用研究进展。

2. 查阅乙酸、异戊醇及乙酸异戊酯的理化常数及共沸混合物的形成。

3. 参考基础合成实验对乙酸异戊酯的合成条件进行研究，确定乙酸异戊酯最适宜的合成条件。研究内容包括以下几点：

（1）确定最合理的乙酸异戊酯的合成路线及评价酯化反应优劣的指标（产率、转化率等）。

（2）确定乙酸异戊酯最适宜的反应装置（普通回流装置、带分水器的回流装置）、带水剂（苯、甲苯等）及用途。

（3）从异戊醇与乙酸的配料比、反应温度、反应时间及催化剂用量等方面确定乙酸异戊酯较优的实验条件。

（4）乙酸异戊酯的表征及含量分析（沸点、折射率、红外光谱、元素分析等）。

4. 查阅文献选择几种不同类型的催化剂（如硫酸、磷酸、固体超强酸及沸石分子筛等），对其催化合成乙酸异戊酯的酯化活性进行比较研究。

5. 总结实验研究结果，按一般科技论文格式撰写总结报告。

附：乙酸异戊酯的红外光谱图（见图5-38）

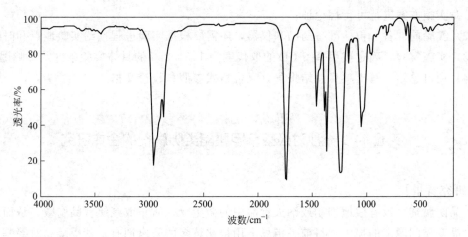

图 5-38　乙酸异戊酯的红外光谱图

实验 43　特定取代度羧甲基-β-环糊精制备

【研究背景】

环糊精（Cyclodextrin，CD）是由环糊精葡萄糖基转移酶作用于淀粉形成的，常见的有 α-环糊精、β-环糊精和 γ-环糊精三种，分别由 6、7、8 个葡萄糖单元构成，应用最广的为含 7 个葡萄糖单元的 β-CD。β-CD 分子呈截面锥形，其内腔疏水，外腔亲水，可与许多有机物形成包合物，在药用辅料、环境化学、分离分析、催化反应等领域有广泛的用途。β-CD 中存在大量的伯羟基和仲羟基（见图 5-39），可以通过多个途径对其进行化学修饰。修饰后的环糊精腔体深度增加，体积增大，包结能力提高，主要表现在：取代羟基，可降低母体极性，增加脂溶性；引入基团增加水溶性，特别是包结物或超分子复合体在水中的溶解度；在结合位附近

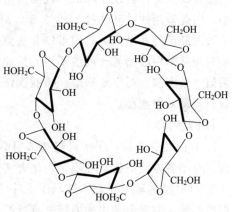

图 5-39　β-环糊精的结构

构筑立体几何关系，形成特殊的手性位点；进行三维空间修饰，扩大结合空腔或者提供有特定几何形状的空间，与底物或客体分子有适宜的匹配；融入高分子结构，获得有特殊性质的新材料等。

【研究内容】

在文献基础上，以 β-CD 为起始原料，合成取代度分别为 1.5、2.5 左右的羧甲基-β-CD。有兴趣的同学，还可以将不同取代度的羧甲基-β-CD 用环氧氯丙烷等交联剂交联，研究不同取代度及不同交联度的交联聚合羧甲基-β-CD 对苯酚、染料等有机污染物的吸附作用。

（1）查阅文献　在文献基础上提出羧甲基-β-CD 合成、取代度检测方法等实验具体实施

方案，对实施方案进行可行性论证。

(2) 实验前准备　包括准备药品和仪器，还需要根据实验进程预约实验地点和时间。

(3) 实施实验　确定羧甲基-β-CD 的取代度为 1.5，2.5 的具体实验条件及影响因素。

(4) 项目总结　写出项目总结报告，报告格式参照科技论文格式。

实验 44　一种对羟基苯甲酸酯类防腐剂的合成研究

【研究背景】

食品防腐剂可以有效地抑制或消灭食品中的微生物，防止或减缓食品腐败，从而减少企业在食品变质问题上的损失。目前，市场上用得比较多的防腐剂有：苯甲酸、对羟基苯甲酸酯、山梨酸及其盐类化合物。由于对羟基苯甲酸酯分子中存在酚羟基，所以它的抗细菌性能比苯甲酸、山梨酸都强，而且具有高效、低毒、广谱等优点，因此被应用于化妆品、医药、饲料等方面的防腐，在食品保鲜和防腐等方面的应用更为广泛，具有广阔的应用前景，是我国重点发展的可以替代苯甲酸钠类防腐剂的产品之一。其作用机制是：破坏微生物的细胞膜，使细胞内的蛋白质变性，并可抑制微生物细胞的呼吸酶系与电子传递酶系的活性。

对羟基苯甲酸酯，也叫作尼泊金酯，常温条件下为无色晶体或结晶性粉末，是用途最广、用量最大、应用频率最高的一系列防腐剂。一般情况下，随着分子中烷基碳链的增大，该类化合物的毒性会逐步降低，抗菌作用反而增强。由于对羟基苯甲酸甲酯在水中的溶解度较小，因此常用的是其钠盐。2002 年，对羟基苯甲酸甲酯钠、对羟基苯甲酸乙酯、对羟基苯甲酸丙酯已经获批成为我国可以合法使用的食品防腐剂。

对羟基苯甲酸酯的合成主要用的是催化法，常用的催化剂有：无机酸盐或氧化物、固体超强酸、杂多酸、对甲苯磺酸、硫酸铁铵、相转移催化剂。除外还可以利用微波加热法等来合成对羟基苯甲酸酯。

【研究内容】

1. 查阅相关文献，了解对羟基苯甲酸甲酯的用途，熟悉防腐剂羟基苯甲酸甲酯的制备方法，总结各方法的优点和不足，结合实验室现有条件，分析实验路线的可行性及可靠性。

2. 以对羟基苯甲酸为原料，合成对羟基苯甲酸甲酯，有兴趣的同学还可以合成对羟基苯甲酸乙酯、对羟基苯甲酸丙酯并进行红外光谱、核磁共振谱检测。

3. 确定防腐剂对羟基苯甲酸甲酯的合成线路，并探讨反应物的物质的量之比、反应时间、反应温度以及不同的催化剂等因素对产率的影响，确定对羟基苯甲酸甲酯的最佳合成工艺条件。用红外光谱、NMR 谱图对化合物的结构进行简单鉴定。

4. 总结实验研究结果，按一般科技论文格式撰写总结报告。

实验 45　紫罗兰酮的制备

【研究背景】

紫罗兰酮又称为环柠檬烯丙酮，因气味与紫罗兰花散发出来的香味相似而得名，是一种重要的合成香料。1893年，由蒂曼首次合成。在自然界广泛存在于高茎当归、金合欢、大柱波罗尼花、西红柿、指甲花等中。紫罗兰酮的分子式为 $C_{13}H_{20}O$，根据双键位置的不同，存在 α-、β-和 γ-三种异构体，在自然界中多以 α 体、β 体这两种异构的混合形式存在，γ-体较为少见，其结构如下：

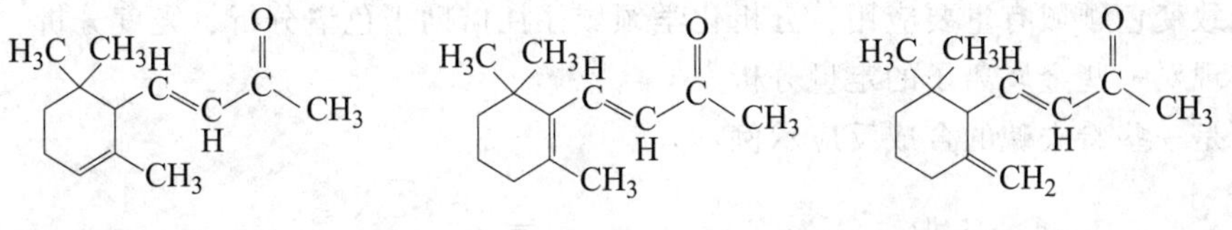

α-紫罗兰酮　　　　　　β-紫罗兰酮　　　　　　γ-紫罗兰酮

紫罗兰酮的各种异构体因结构上双键位置不同而出现了香味差异。因本身存在异构体，在合成过程中又容易生成副产物，因此很难制得高纯度的紫罗兰酮产品，所以产品的香味就会有差别。从香味上讲，α-紫罗兰酮比 β-紫罗兰酮更受调香师的喜欢，在香料工业上使用的是以 α-紫罗兰酮为主的产品。而 β-紫罗兰酮主要用于医药工业，γ-紫罗兰酮则无工业化产品。目前多以柠檬醛和丙酮为原料，经下列途径合成紫罗兰酮。

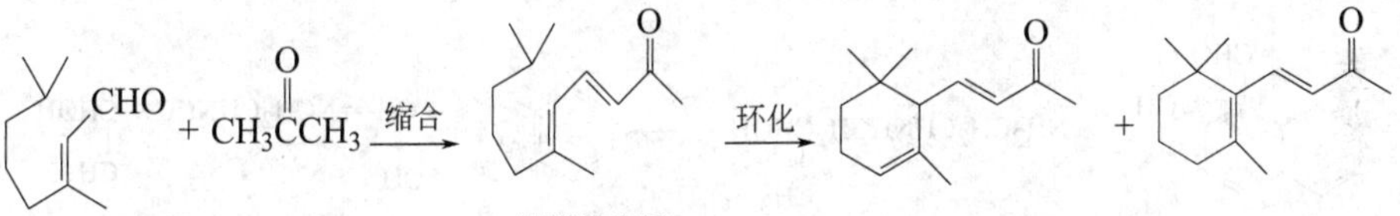

【研究内容】

1. 以柠檬醛和丙酮为原料经缩合、环化制备紫罗兰酮。

2. 查阅相关文献，熟悉紫罗兰酮的制备方法，结合实验室现有条件，拟定合理的实验路线。

3. 实验实施探讨缩合反应的条件（物质的量之比、反应时间、反应温度以及催化剂浓度等因素，以及环化反应催化剂对产率的影响）。

4. 环化步骤的催化剂必须结合其活性、选择性和绿色化特点。如果是非单组分，还应考虑其制备方法。

5. 总结实验研究结果，按一般科技论文格式撰写总结报告。

实验46　Schiff碱的合成及其紫外吸收性能研究

【研究背景】

希夫碱（Schiff's base）也称西佛碱，是指含有亚氨或甲亚氨特性基团（—RC＝N—）的一类有机化合物，由氨或伯胺与（醛或酮）活性羰基发生亲核加成反应，失去一分子水后的产物。

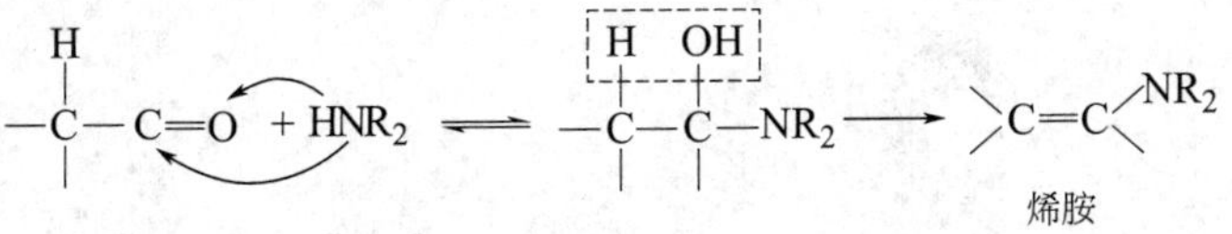

但醛、酮和氨（NH_3）反应很难得到稳定的产物。脂肪族希夫碱不稳定，芳香族希夫

碱稳定。按照合成 Schiff 碱所用醛、酮的结构不同，可分为水杨醛类希夫碱、呋喃类希夫碱、吡唑啉酮类希夫碱、安替吡啉类希夫碱、含硫类希夫碱等。

希夫碱是一种应用广泛的配体，它能与元素周期表中的大多数金属形成配合物。希夫碱及其金属配合物具有杀菌、抑菌、抗癌、抗病毒及载氧等特性在医学、催化、分析化学、腐蚀以及光致变色领域有重要应用。分析化学领域往往借助于色谱分析、光度分析、荧光分析等手段实现对一些金属离子的定量分析。

下面是一些希夫碱的合成反应示例：

【研究内容】

1. 查阅相关文献资料，撰写一篇有关希夫碱及其配合物研究进展的综述。

2. 以对甲基苯胺和 4-取代苯甲醛（M—⟨ ⟩—CHO，M 为不同的取代基团，如卤素、甲氧基、硝基等）为原料，选择合理合成路线，合成对应的希夫碱化合物，并对合成产物进行表征。

3. 以合成的某一希夫碱为配体，制备一种过渡金属离子-希夫碱配合物，并用合适的方法表征。

4. 根据合成的各种希夫碱的紫外吸收特征，初步研究其紫外吸收中的取代基效应。

5. 总结实验研究结果，按一般科技论文格式撰写总结报告。

附　录　危险化学品安全基础知识

危险化学品系指有爆炸、易燃、毒害、腐蚀、放射性等性质，在运输、装卸和储存保管过程中，易造成人身伤亡和财产损毁而需要特别防护的化学品，必须正确保管和使用，杜绝安全事故的发生，根据常用的一些化学药品的危险性，大体可分为易燃、易爆和有毒三类，现分述如下。

一、易燃化学药品

可燃气体：氢气、乙胺、氯乙烷、乙烯、煤气、氧气、硫化氢、甲烷、氯甲烷、二氧化硫等。

易燃液体：汽油、乙醚、乙醛、二硫化碳、石油醚、苯、甲苯、二甲苯、丙酮、乙酸乙酯、甲醇、乙醇等。

易燃固体：红磷、三硫化二磷、萘、镁、铝粉等。黄磷为能自燃固体。

可以看出，大部分有机溶剂，均为易燃物质，如使用或保管不当，极易引起燃烧事故，因此需特别注意。实验室用适当的方式尽量少存储。使用时不用明火加热并远离热源。用过的溶剂和废渣应集中处理，不得随意丢弃。

二、易爆炸化学药品

气体混合物的反应速率随成分而异，当反应速率达到一定限度时，即会引起爆炸。如经常使用的乙醚，不但其蒸气能与空气或氧混合，形成爆炸混合物，放置久的乙醚被氧化生成的过氧化物在蒸馏时也会引起爆炸，使用前必须加以检验。

某些以较高速度进行的放热反应，因生成大量气体也会引起爆炸并伴随着燃烧。一般说来，易爆物质大多含有以下结构或官能团：

易爆物质大多含有的基团	易爆物质举例	易爆物质大多含有的基团	易爆物质举例
—O—O—	臭氧、过氧化物	—O—ClO$_2$	氯酸盐、高氯酸盐
—C≡C—	乙炔化合物（乙炔金属盐）	—N=N—	重氮及叠氮化合物
—N=O	亚硝基化合物	—N—Cl	氮的氯化物
—NO$_2$	硝基化合物（三硝基甲苯、苦味酸盐）		

自行爆炸的有：高氯酸铵、硝酸铵、浓高氯酸、雷酸汞、三硝基甲苯等。

混合发生爆炸的有：①高氯酸+乙醇或其他有机物；②高锰酸钾+甘油或其他有机物；③高锰酸钾+硫酸或硫；④硝酸+镁或碘化氢；⑤硝酸铵+酯类或其他有机物；⑥硝酸铵+锌粉+水；⑦硝酸盐+氯化亚锡；⑧过氧化物+铝+水；⑨硫+氧化汞；⑩金属钠或钾+水。

氧化物与有机物接触，极易引起爆炸。在使用浓硝酸、高氯酸及过氧化氢等时，必须特别注意。

实验室防止爆炸必须注意以下几点。

① 进行可能爆炸的实验，必须在特殊设计的防爆炸地方进行；使用可能发生爆炸的化学试剂时，必须做好个人防护，需戴面罩或防护眼镜，在通风橱中进行操作；并设法减少药品用量或浓度，进行微量或半微量试验。对不了解性能的实验，切勿大意！

② 苦味酸须保存在水中，某些过氧化物（如过氧化苯甲酰）必须加水保存。

③ 易爆炸残渣必须妥善处理，不得任意乱丢。

三、有毒化学药品

实验室使用的化学药品，有的是剧毒物，有的试剂长期接触或接触过多，也会引起急性或慢性中毒，影响健康。使用时须加以防护，掌握使用毒物的规则和防护措施，避免或把中毒机会减少到最低程度。

有毒化学药品通常由下列途径侵入人体。

① 由呼吸道侵入。故有毒实验必须在通风橱内进行，并经常注意室内空气流畅。

② 由皮肤黏膜侵入。眼睛的角膜对化学药品非常敏感，故进行实验时，必须戴防护眼镜；进行实验操作时，注意勿使试剂直接接触皮肤，手或皮肤有伤口时更须特别小心。

③ 由消化道侵入。这种情况不多，为防止中毒，任何药品不得用口尝味，严禁在实验室进食，实验结束后必须洗手。

④ 严禁将毒物带出实验室。

一些有毒化学药品如下。

(1) 有毒气体

溴、氯、氟、氢氰酸、氟化氢、溴化氢、氯化氢、二氧化硫、硫化氢、光气、氨、一氧化碳等均为窒息性或具刺激性气体。在使用以上气体或进行产生以上气体的实验时，必须在通风良好的通风橱中进行，并设法吸收有毒气体，减少环境污染。如遇大量有害气体逸至室内，应立即关闭气体发生装置，迅速停止实验，关闭火源、电源，离开现场。如发生伤害事故，应视情况及时加以处理。

(2) 强酸和强碱

硝酸、硫酸、盐酸、氢氧化钠、氢氧化钾等均刺激皮肤，有腐蚀作用，造成化学烧伤。使用时应倍加小心，并严格按规定的操作进行。

(3) 无机化学药品

① 氰化物及氢氰酸　毒性极强、致毒作用极快，空气中氰化氢含量达万分之三，数分钟内即可致人死亡，使用时须特别注意。氰化物必须密封保存，要有严格的领用保管制度，取用时必须戴口罩、防护眼镜及手套，手上有伤口时不得进行使用氰化物的实验；使用过的仪器、桌面均应亲自收拾，用水冲净；手及脸亦应仔细洗净；实验服必须及时换洗。

② 汞　室温下即能蒸发，毒性极强，能导致急性或慢性中毒。使用时必须注意室内通风；提纯或处理，必须在通风橱内进行；如果泼翻，可用吸管尽可能收集完全。无法收集的细粒，可用硫黄粉、锌粉或三氯化铁溶液清除。

③ 溴　液溴可致皮肤烧伤，蒸气刺激黏膜，甚至可使眼睛失明。应用时必须在通风橱中进行；盛溴的玻璃瓶须密塞后放在金属罐中，妥为存放，以免撞倒或打翻；如泼翻或打破，应立即用沙掩盖；如皮肤灼伤立即用稀乙醇洗或大量甘油按摩，然后涂以硼酸凡士林

软膏。

(4) 有机化学药品

① 有机溶剂　有机溶剂均为脂溶性液体，对皮肤黏膜有刺激作用，对神经系统有选择性刺激作用。如苯，不但刺激皮肤，易引起顽固湿疹，对造血系统及中枢神经系统均有严重损害。再如甲醇对视神经特别有害。在条件许可情况下，最好用毒性较低的石油醚、醚、丙酮、甲苯、二甲苯代替二硫化碳、苯和卤代烷类。

② 硫酸二甲酯　吸入及皮肤吸收均可中毒，且有潜伏期，中毒后感到呼吸道灼痛，对中枢神经影响大，滴在皮肤上能引起坏死、溃疡，恢复慢。

③ 芳香硝基化合物　化合物所含硝基愈多毒性愈大，在硝基化合物中增加氯原子，亦将增加毒性。此类化合物的特点是能迅速被皮肤吸收，中毒后引起顽固性贫血及黄疸病，刺激皮肤引起湿疹。

④ 苯酚　能够灼伤皮肤，引起坏死或皮炎，沾染后应立即用温水及稀乙醇清洗。

⑤ 生物碱　大多数具有强烈毒性，皮肤亦可吸收，少量可导致危险中毒甚至死亡。

⑥ 苯胺及其衍生物　呼吸道或皮肤吸收均可中毒。

⑦ 致癌物　很多的烷基化试剂，长期摄入体内有致癌作用，应予注意。其中包括硫酸二甲酯、对甲苯磺酸甲酯、N-甲基-N-亚硝基脲、亚硝基二甲胺、偶氮乙烷以及一些丙烯酸酯类等。一些芳香胺类，由于在肝脏中经代谢而生成 N-羟基化合物而具有致癌作用，其中包括 2-乙酰氨基芴、4-乙酰氨基联苯、2-乙酰氨基苯酚、2-萘胺、4-二甲氨基偶氮苯等。部分稠环芳香烃化合物，如 3,4-苯并蒽、1,2,5,6-二苯并蒽和 9-及 10-甲基-1,2-苯并蒽等，都是致癌物，而 9,10-二甲基-1,2-苯并蒽则属于强致癌物。

鉴于以上化学品的危害，大家须遵守下面的实验室安全规则。

① 严禁在实验室内饮食、吸烟，或把食物带进实验室。实验完毕，必须洗净双手。

② 绝对不允许随意混合各种化学药品，以免发生意外事故。

③ 不要用湿的手、物接触电源。水、电和煤气一经使用完毕，就立即关闭水龙头、煤气开关和电闸。点燃的火柴用后立即熄灭，不得乱扔。

④ 应配备必要的护目镜。倾注药剂或加热液体时，容易溅出，不要俯视容器，尤其是浓酸、浓碱具有强腐蚀性，切勿使其溅在皮肤或衣服上，眼睛更应注意防护。稀释酸、碱时（特别是浓硫酸）应将它们慢慢倒入水中，而不能反向进行，以避免迸溅。加热试管时，切记不要使试管口对着自己或别人。

⑤ 金属钾、钠和白磷等暴露在空气中易燃烧，所以金属钾、钠应保存在煤油中，白磷则可保存在水中，取用时要用镊子夹取。一些有机溶剂（如乙醚、乙醇、丙酮、苯等）极易引燃，使用时必须远离明火、热源，用毕立即盖紧瓶塞。

⑥ 不要俯向容器去嗅放出的气味。面部应远离容器，用手把逸出容器的气体慢慢地扇向自己的鼻孔。

能产生有刺激性或有毒气体（如 H_2S、HF、Cl_2、CO、NO_2、Br_2 等）的实验必须在通风橱内进行。有时也可用气体吸收装置吸收产生的有毒气体。

⑦ 含氧气的氢气遇火易爆炸，操作时必须严禁接近明火。在点燃氢气前，必须先检查并确保纯度符合要求。银氨溶液不能留存，因久置后会变成氮化银，也易爆炸。某些强氧化剂（如氯酸钾、硝酸钾、高锰酸钾等）或其混合物不能研磨，否则将引起爆炸。

⑧ 有毒药品（如重铬酸钾、钡盐、铝盐、砷的化合物、汞的化合物，特别是氰化物）

不得进入口内或接触伤口。剩余的废液也不能随便倒入下水道，应倒入废液缸或教师指定的容器里。

⑨ 实验室所有药品不得携出室外，用剩的有毒药品应交还给教师。

总之使用有毒药品时必须小心，了解其性质与使用方法。不要沾污皮肤、吸入蒸气及溅入口中。绝对不允许直接与手接触，必要时戴防护眼镜及手套，小心开启瓶塞，以免破损散出。并注意不让剧毒物质掉在桌面上（最好在大的搪瓷盘中操作）。使用过的仪器，应亲自冲洗干净，残渣废料丢在废物缸内。经常保持实验室及台面整洁，也是避免发生事故的重要措施。实验结束后必须养成洗手的习惯。

参 考 文 献

[1] 兰州大学. 有机化学实验 [M]. 第 4 版, 北京：高等教育出版社, 2016.
[2] 叶彦春，郭燕文，黄学斌. 有机化学实验 [M]. 第 2 版, 北京：北京理工大学出版社, 2014.
[3] 刘湘，刘士荣. 有机化学实验 [M]. 第 2 版, 北京：化学工业出版社, 2018.
[4] 周淑晶. 有机化学实验 [M]. 北京：化学工业出版社, 2018.
[5] 陈琳，孙福强. 有机化学实验 [M]. 第 2 版. 北京：科学出版社, 2017.
[6] 曾和平. 有机化学实验 [M]. 第 4 版, 北京：高等教育出版社, 2014.
[7] 马祥梅. 有机化学实验 [M]. 北京：化学工业出版社, 2011.
[8] 焦家俊, 有机化学实验 [M]. 上海：上海交通大学出版社, 2010.
[9] 李霁良. 微型半微型有机化学实验 [M]. 第 4 版, 北京：高等教育出版社, 2013.
[10] 魏青. 基础化学实验Ⅱ—有机化学实验 [M]. 北京：科学出版社, 2011.
[11] 中科院上海有机化学研究所. 化学专业数据库（http：//www. organchem. csdb. cn）.
[12] 黄涛. 有机化学实验 [M]. 第 2 版. 北京：高等教育出版社, 1998.